IT-Management im Zeitalter der Digitalisierung

Nils Urbach · Frederik Ahlemann

IT-Management im Zeitalter der Digitalisierung

Auf dem Weg zur IT-Organisation der Zukunft

Nils Urbach
Universität Bayreuth
Bayreuth, Deutschland

Frederik Ahlemann
Universität Duisburg-Essen
Essen, Deutschland

ISBN 978-3-662-52831-0   ISBN 978-3-662-52832-7 (eBook)
DOI 10.1007/978-3-662-52832-7

Die Deutsche Nationalbibliothek verzeichnet diese Publikation in der Deutschen National-
bibliografie; detaillierte bibliografische Daten sind im Internet über http://dnb.d-nb.de abrufbar.

Springer Gabler
© Springer-Verlag Berlin Heidelberg 2016

Gedruckt auf säurefreiem und chlorfrei gebleichtem Papier

Springer Gabler ist Teil von Springer Nature
Die eingetragene Gesellschaft ist Springer-Verlag GmbH Berlin Heidelberg

Vorwort

Das Thema Digitalisierung ist zu einem festen Bestandteil politischer Debatten, der Wirtschaftsnachrichten sowie unternehmensinterner Projekte und Abstimmungen geworden. Schlagwörter wie Big Data, Cloud Computing, Digitale Transformation, Industrie 4.0 oder Internet of Things durchziehen die öffentlichen und unternehmensinternen Diskussionen. Dabei sind viele Fragen offen, etwa welche Implikationen die Digitalisierung für einzelne Branchen hat und mit welchen Auswirkungen die IT-Organisationen in den Unternehmen zukünftig zu rechnen haben. Heutige IT-Chefs würden das Thema meist gerne für sich reklamieren. Das ist nicht verwunderlich, denn immerhin verantworten ihre Organisationen die Informationstechnologie in Unternehmen, und die Digitalisierung verspricht eine Ausweitung des eigenen Wirkungsbereichs oder zumindest eine Stärkung der eigenen Rolle.

Viele CIOs und IT-Führungskräfte stoßen jedoch auf Probleme. Oft werden ihre IT-Organisationen als reine Dienstleister ohne besondere Innovationsfähigkeiten gesehen. Die Business-Kunden – also die Fachbereiche im eigenen Unternehmen – agieren nicht selten unabhängig von der IT-Organisation, wenn es um die Entwicklung IT-basierter Geschäfts- und Prozessinnovationen geht. Als Beispiel seien hier Marketing-Abteilungen genannt, die Big Data-Initiativen ohne Einbindung der hausinternen Technologieexperten starten. Eine solche Situation ist nicht überraschend, sind doch Mitarbeiter von IT-Organisationen oft noch immer sehr technologieorientiert und verfügen nicht selten über wenig oder gar kein Business-Know-how. Hinzu kommt, dass in einer industrialisierten IT-Organisation, die auf Zuverlässigkeit und Stabilität getrimmt ist, Kreativität, unternehmerisches Handeln und Innovationstätigkeiten oft ein Schattendasein fristen. Die meisten IT-Organisationen sind strukturell und prozessual gar nicht darauf vorbereitet, eine besondere Rolle bei der Digitalen Transformation zu spielen. So mangelt es beispielsweise an funktionierenden Innovationsmanagementprozessen oder einem effektiven Technology-Scouting. Vergangene Kostenoptimierungen leisten ihr Übriges: Selten genügen die Kapazitäten, um jenseits des Tagesgeschäfts neue Ideen zu erproben und umzusetzen. Folglich ist eine Verunsicherung unter IT-Führungskräften zu spüren: Wie kann man sich in dieser Situation positionieren? Wie ist die Digitale Transformation anzugehen? Womit ist zu beginnen? Welche Rolle werde ich in Zukunft spielen?

Mit diesem Buch sollen diese Fragen aufgegriffen und aus einer spezifischen Perspektive beantwortet werden. Es geht darum, aufzuzeigen, welche Implikationen die Digitalisierung für heutige IT-Organisationen mit ihren Strukturen, Prozessen und Menschen hat. Im Einzelnen soll diskutiert werden, was Digitalisierung bedeutet, ein Zielbild vorgestellt werden, wie die Unternehmens-IT in 10 bis 15 Jahren aussehen wird und dargestellt werden, wie sich heutige Führungskräfte auf diese Entwicklung vorbereiten können.

Die Zielgruppe dieses Buches sind IT-Führungskräfte (z. B. CIOs, IT-Leiter), Manager in deren Verantwortungsbereich die IT liegt (z. B. Finanzvorstände) sowie praktisch interessierte Akademiker. Das Buch soll dabei helfen, auf die Digitale Transformation nicht nur zu reagieren, sondern eine aktive Rolle einzunehmen und die Geschicke der IT-Organisation entsprechend proaktiv zu leiten. Hierbei soll unsere Vorstellung von der IT-Organisation der Zukunft nicht als sichere Prognose verstanden werden, sondern als eine fundierte Grundlage für Diskussionen und Projektionen dienen. Nicht alle Thesen dieses Buches werden für alle Unternehmen und Branchen in gleichem Ausmaß zutreffen. Sie erlauben es jedoch, individuelle Zukunftsszenarien zu entwickeln, die als Grundlage für eigene strategische Planungen und Weichenstellungen dienen können.

Dieses Buch ist kein wissenschaftliches Buch – es genügt nicht den strengen wissenschaftlichen Ansprüchen an eine theoretische Fundierung oder auch empirische Überprüfung. Unsere Gedanken und Erkenntnisse basieren vielmehr auf explorativen Forschungsarbeiten, Gesprächen und Interviews mit Führungskräften, der Beobachtung technologischer Entwicklungen und der Interpretationen der zuvor genannten Quellen. Wenn wissenschaftliche Erkenntnisse verfügbar waren, haben wir sie selbstverständlich integriert.

Wir wünschen viel Spaß beim Lesen und möchten alle Leser einladen, mit uns in einen Dialog zu treten. Gerne stehen wir für Fragen, Diskussionen und Anregungen zur Verfügung.

Bayreuth, Deutschland   Nils Urbach
Essen, Deutschland   Frederik Ahlemann
im Mai 2016

Stimmen zum Buch

Die Digitalisierung hat weitreichende Folgen für heutige Unternehmen. Sie ist auch keine Option, sondern Notwendigkeit – damit auch und gerade für deren IT-Organisationen. Dieses Buch zeigt auf, worauf sich IT-Führungskräfte einstellen müssen. Besonders lesenswert.

Markus Bentele, Chief Information Officer, Rheinmetall AG

Eine Pflichtlektüre für CEOs und CIOs gleichermaßen. Die strategisch-unternehmerische Bedeutung der IT ist in diesem Buch hervorragend und leichtverdaulich veranschaulicht. CIOs bekommen eine sehr gute Hilfestellung, um sich auf die wichtigen und richtigen Themen der IT-Transformation zu fokussieren. Viel Spaß beim Lesen und Implementieren.

Bernhard Koch, Chief Information Officer, Altana AG

Die teilweise radikalen Thesen adressieren die gegenwärtigen und zukünftigen Herausforderungen der IT im Unternehmensverbund äußerst zutreffend. Mit dem Zukunftsmodell „Innovate-Design-Transform" beschreiben die Autoren nachvollziehbar und praxisrelevant moderne Kollaborationsmodelle von IT und Business zusammen mit innovativen Partnerschaften.

Dr. Kian Mossanen, Chief Information Officer, OSRAM GmbH

Die Digitalisierung bedeutet für mich Automation und neue Geschäftsmodelle. Automation macht eine IT-Organisation schon immer, aber neue Geschäftsmodelle sind zum Teil eine existenzielle Herausforderung für Unternehmen und deren IT-Organisationen. Dieses Buch zeigt umfassend auf, was das für heutige IT-Organisationen und IT-Führungskräfte bedeuten wird.

Michael Neff, Chief Information Officer, RWE AG

In Zeiten rascher – auch technologischer – Veränderungen ist Agilität gefragt. Deshalb muss IT im Unternehmen anders gestaltet werden, und es sind alte Paradigmen aufzugeben. Die Autoren zeigen in ihrem Buch eindrucksvoll, was dabei zu beachten ist. Aus meiner Sicht ein Must Read für CIOs aber auch CEOs und CDOs.

Burkhard Schütte, Partner & Chief Information Officer,
PricewaterhouseCoopers AG Wirtschaftsprüfungsgesellschaft

Getrieben von der Digitalisierung werden IT-Organisationen in den kommenden Jahren einem deutlichen Wandel unterliegen. Dieses Buch zeigt auf, wohin die Reise geht. Eine empfehlenswerte Lektüre für alle, die in Unternehmen IT verantworten oder sich auf die Digitalisierung vorbereiten wollen.

Dr. Roland Schütz, Chief Information Officer, Deutsche Lufthansa AG

Das Buch liefert aufschlussreiche Erkenntnisse bezüglich des IT-Managements in Zeiten der Digitalisierung. Die beiden Autoren setzen sich anhand von zehn Thesen differenziert mit der digitalen Transformation auseinander und zeigen auf, welche Veränderungen im Unternehmen mit diesem Prozess einhergehen. Die daraus abgeleiteten Empfehlungen geben IT-Führungskräften hilfreiche Anregungen für eine fachlich fundierte Auseinandersetzung mit dem Thema.

Thomas Ulrich, Mitglied des Vorstands, DZ BANK AG

Das Buch gibt einen umfassenden und gut positionierten Überblick der verschiedenen Facetten der Digitalisierung. Mit den dargestellten Thesen und deren direkten Formulierung polarisieren die Autoren sehr stark, wodurch der Leser für sich den Vergleich zwischen alter und neuer Welt zieht und gezwungen wird, Stellung zu beziehen. Als Verantwortlicher im IT-Bereich kann man hier nur schwer ausweichen. Das Buch ist sowohl für den Einstieg, aber auch zur Reflexion der eigenen Digitalisierungsinitiativen geeignet und erhält von uns eine dringende Leseempfehlung!

Ralf van den Brock, Chief Information Officer, thyssenkrupp
Materials Services GmbH
Dr. Benedikt Martens, Head of Digital Commerce Solutions, thyssenkrupp
Materials Services GmbH

Inhaltsverzeichnis

Die Autoren

Prof. Dr. Nils Urbach ist Professor für Wirtschaftsinformatik und Strategisches IT-Management an der Universität Bayreuth. Zudem ist er stellvertretender wissenschaftlicher Leiter am Kernkompetenzzentrum Finanz- & Informationsmanagement (FIM) und der Projektgruppe Wirtschaftsinformatik des Fraunhofer-Instituts für Angewandte Informationstechnik (FIT). In Forschung und Lehre befasst sich Nils Urbach schwerpunktmäßig mit Fragestellungen des Strategisches IT-Managements und der Digitalen Transformation. Dabei liegt sein Forschungsfokus insbesondere auf der Untersuchung und Gestaltung von Lösungen zur Steuerung von IT-Organisationen sowie der Adoption, der Nutzung und dem Erfolg betrieblicher Informationssysteme. Jüngere Forschungsprojekte konzentrieren sich auf digitale Innovationen im betrieblichen und privaten Kontext.

Nils Urbach studierte Wirtschaftsinformatik an der Universität Paderborn und promovierte an der EBS Business School in Oestrich-Winkel. Internationale Erfahrung sammelte er im Rahmen seiner Forschungsaufenthalte an der University of Pittsburgh und der Université de Lausanne. Zudem war er mehrere Jahre als Unternehmensberater für Accenture in Kronberg im Taunus sowie für Horváth & Partners in Frankfurt am Main tätig. Seine Forschungsergebnisse wurden in internationalen Fachzeitschriften sowie in Tagungsbänden wissenschaftlicher Konferenzen veröffentlicht. Nils Urbach berät mehrere Unternehmen zu Fragestellungen des Strategischen IT-Managements und tritt regelmäßig als Redner in diesem Themenbereich auf.

Prof. Dr. Frederik Ahlemann ist Inhaber des Lehrstuhls für Wirtschaftsinformatik und Strategisches IT-Management an der Universität Duisburg-Essen. Zu seinen Forschungsthemen gehören die Digitale Transformation, digitale Unternehmensstrategien, das Unternehmensarchitekturmanagement sowie das Projekt- und Projektportfoliomanagement. Diese Themen vermittelt er auch im Rahmen der universitären Lehre und in Form von Weiterbildungsangeboten mit Fach- und Führungskräften. Dabei werden Forschungsfragen stets aus einer praxisorientierten sowie eine verhaltenswissenschaftlichen Perspektive beleuchtet.

Frederik Ahlemann studierte Wirtschaftsinformatik an der Universität Münster und war danach als Berater im Bereich Projektportfoliomanagement tätig. Er promovierte 2006 an der Universität Osnabrück und leitete von 2006 bis 2012 das Kompetenzzentrum für Strategisches IT-Management an der EBS Business School, Wiesbaden. Im Jahr 2010 war er Gastwissenschaftler an der University of South Florida, Tampa, USA. Er ist Autor einer Vielzahl von Fachpublikationen und arbeitet in Forschung und Praxis mit einer Reihe von Unternehmen aus den Branchen Automobilindustrie, Finanzdienstleistung, Energie, Handel, Maschinenbau, Beratung und IT zusammen. Als Referent hält er regelmäßig Vorträge zu den genannten Themen auf nationalen und internationalen Fachtagungen.

Die Digitale Revolution – Wie technologische Trends die Business-Welt verändern

Die Geschäftswelt unterliegt derzeit einem drastischen Wandel. Der Einsatz und die Nutzung neuer Informationstechnologien im Geschäftskontext führt zu einer signifikanten Veränderung, teilweise sogar Verdrängung etablierter Geschäfts- und Wertschöpfungsmodelle – und das in einer enormen Geschwindigkeit. Der britische Journalist Hamish McRae illustriert diesen Wandel exemplarisch anhand der Unternehmen Uber, Facebook, Alibaba und Airbnb. Diese vier Unternehmen können als rein digitale Unternehmen angesehen werden, da ihre internetbasierten Geschäftsmodelle sehr wesentlich auf der innovativen Nutzung moderner Informationstechnologien beruhen. Gleichzeitig sind alle vier Unternehmen Marktführer in ihrem jeweiligen Segment, in dem sie in vergleichsweise kurzer Zeit die etablierten Player verdrängt haben. Beim genaueren Hinschauen wird deutlich, inwiefern sich die neuen, erfolgreichen Marktakteure von ihren Wettbewerbern mit „traditionellen" Geschäftsmodellen unterscheiden. So ist Uber das vermutlich größte Taxiunternehmen der Welt, besitzt selbst aber nicht ein einziges Taxi. Das weltweit populärste Medienunternehmen, Facebook, produziert keine eigenen Inhalte. Alibaba, der größte Einzelhändler der Welt, hat keine Lagerbestände. Und Airbnb, der weltweite größte Anbieter von Unterkünften, besitzt keine Hotels. Hamish McRae fasst die Entwicklung so zusammen: „Something big is going on".[1] Neben der Intensität dieser Veränderungen ist auch die Schnelligkeit des Wandels bemerkenswert. Als eine zentrale Ursache hierfür kann die veränderte Geschwindigkeit der Nutzerakzeptanz neuer Medien auf Konsumentenebene angeführt werden. Während das Radio ganze 38 Jahre und auch das Fernsehen

---

[1]McRae H (2015) Facebook, Airbnb, Uber, and the unstoppable rise of the content non-generators, Independent, 5. Mai 2015. http://www.independent.co.uk/news/business/comment/hamish-mcrae/facebook-airbnb-uber-and-the-unstoppable-rise-of-the-content-non-generators-10227207.html. Zugegriffen: 30. Apr. 2016.

© Springer-Verlag Berlin Heidelberg 2016   1
N. Urbach und F. Ahlemann, *IT-Management im Zeitalter der Digitalisierung*,
DOI 10.1007/978-3-662-52832-7_1

immerhin noch 13 Jahre für ein Publikum von 50 Mio. Menschen benötigten, so reichten für die „Eroberung" des Internets lediglich 3 Jahre. Für jüngste, internetbasierte Angebote wie Facebook, Twitter und Instagram waren sogar weniger als 12 Monate erforderlich.[2]

Aus Konsumentensicht werden die beschriebenen Entwicklungen in der Regel recht positiv aufgenommen, da sie oftmals zu spürbaren Vorteilen wie einem höheren Komfort, schnelleren Kaufabwicklungen oder geringeren Preisen führen – wenngleich auch zu Einbußen in der Privatsphäre und beim Datenschutz. Unternehmen nehmen diesen Wandel viel stärker mit gemischten Gefühlen auf. Zum einen bieten digitale Geschäftsmodell- und Wertschöpfungsinnovationen gerade kleinen, jungen Unternehmen die Chance, mit guten Ideen nicht nur neue, sondern auch tradierte Märkte mit neuen Produkten und Dienstleistungen zu erobern. Auf der anderen Seite sehen sich vor allem etablierte Großkonzerne zunehmend stärker der Gefahr ausgesetzt, Opfer der sogenannten disruptiven Wirkung der neuen Geschäftswelt zu werden. Entsprechend bekommt der geschäftliche Einsatz von Informationstechnologie unter dem Stichwort der „Digitalisierung" in vielen Unternehmen einen deutlichen Schub. Während die Unternehmens-IT in den vergangenen Jahren noch stark industrialisiert, das heißt vor allem auf Effizienz getrimmt wurde, so charakterisieren mittlerweile auch zahlreiche Digitalisierungsinitiativen die Projektlandschaft vieler Großkonzerne.

Neue Technologien verändern das Business

Als Auslöser für die gegenwärtige „Digitale Revolution" können die technologischen Errungenschaften der letzten Jahre angesehen werden. Möchte man den Studienergebnissen von Accenture und Oxford Economics Glauben schenken, dann sind es digitale Technologien, die bis zum Jahr 2020 mit 1,36 Billionen US-Dollar zum globalen ökonomischen Gesamtergebnis beitragen könnten.[3] Nachfolgend möchten wir ausgewählte technologische Innovationen vorstellen, die aus unserer

---

[2]Mattern F, Huhn W, Perrey J, Dörner K, Lorenz J-T, Spillecke D (2012) Turning buzz into gold – how pioneers create value from social media. McKinsey & Company Inc., Mai 2013. https://www.mckinsey.de/files/Social_Media_Brochure_Turning_buzz_into_gold.pdf. Zugegriffen: 30. Apr. 2016.

[3]McKendrick J (2015) Digital technologies will soon add $ 1 trillion-plus to global economy, forbes/tech, 17. März 2015. http://www.forbes.com/sites/joemckendrick/2015/03/17/digital-technologies-will-soon-add-1-trillion-plus-to-global-economy/. Zugegriffen: 30. Apr. 2016.

Sicht von besonderer Bedeutung für den aktuellen Wandel der Unternehmenswelt sind. Interessanterweise handelt es sich bei fast all diesen Entwicklungen nicht um bahnbrechende Neuerungen, sondern in der Regel um Weiterentwicklungen bestehender, teilweise etablierter Technologien und Ansätze, die nun aber die erforderliche Reife erlangt haben und sich so miteinander kombinieren lassen, dass sie einen signifikanten Geschäftsnutzen entfalten können.

Eine zentrale technologische Neuerung ist die gesteigerte Möglichkeit der Verarbeitung von riesigen Datenmengen in kürzester Zeit, welche unter den Stichwörtern „Big Data Analytics" oder auch „Smart Data Analytics" in den vergangenen Jahren als eines der großen „Hype-Themen" der IT-Welt diskutiert wurde und immer noch wird. Die eingesetzten Techniken unterscheiden sich dabei von den früheren Ansätzen der „Business Intelligence" dahin gehend, dass nun wirklich große Datenmengen effizient verarbeitet werden können. Eine Besonderheit der neuen Ansätze besteht darin, dass eine standardisierte Erfassung von Daten keine strikte Voraussetzung für deren Verarbeitung darstellt. So gehören Algorithmen und Ansätze zur Texterkennung oder der Analyse von Realtime-Audio- und Video-Streams ebenso zum Big-Data-Ansatz. Die Entwicklung von immer leistungsfähigeren Prozessoren und neuen Speichertechnologien wie In-Memory-Datenbanken sowie speziellen Analyseverfahren haben an dieser Stelle nun zum entscheidenden Durchbruch verholfen. Dadurch wird die Analyse von Massendaten, die mit herkömmlichen Ansätzen der Datenanalyse nicht bewerkstelligt werden konnte, zum Innovationstreiber vieler Unternehmen. Ein anschauliches Beispiel für eine innovative Big-Data-Anwendung stellt der intelligente Aufzug von ThyssenKrupp Elevator dar. Ein neues, gemeinsam mit Microsoft und CGI entwickeltes Überwachungssystem für Aufzüge ermöglicht den Technikern einen Zugriff auf Echtzeitdaten, um eine notwendige Reparatur zu definieren, bereits bevor eine Panne passiert („Predictive Maintenance"), während frühere Ansätze lediglich eine Reaktion auf einen Fehler-Alarm zuließen. Ein weiteres Beispiel ist der Predictive-Analytics-Ansatz zur Automatisierung der Warendisposition und Absatzplanung bei Kaiser's Tengelmann. Mittels einer Big-Data-Lösung von Blue Yonder werden für ausgewählte Sortimente datenbasiert automatisch Waren bestellt. Dadurch können kostspielige Unterbestände verhindert werden, was die Warendisposition überschaubarer und kostengünstiger für die jeweilige Filiale macht.[4]

---

[4]BITKOM (2015) Big Data und Geschäftsmodell-Innovationen in der Praxis: 40+ Beispiele, Leitfaden. https://www.bitkom.org/Publikationen/2015/Leitfaden/Big-Data-und-Geschaeftsmodell-Innovationen/151229-Big-Data-und-GM-Innovationen.pdf. Zugegriffen: 30. Apr. 2016.

Als weitere technologische Innovation ist die organisationale Nutzung sozialer Medien hervorzuheben. Unter Social Media verstehen wir in der Regel internetbasierte Softwaresysteme, die es ihren Benutzern erlauben, sich untereinander zu vernetzen und auszutauschen. Verbunden damit ist meist auch die Möglichkeit, multimediale Inhalte bereitzustellen oder auch gemeinsam zu erstellen. Im Gegensatz zu früheren Zeiten, in denen technologische Innovationen zunächst in Unternehmen Einzug erhielten, bevor sie einer Massennutzung durch Konsumenten ausgesetzt waren, verhielt es sich bei den sozialen Medien genau andersherum – ein zentrales Merkmal der sogenannten IT-Konsumerisierung.[5] Vergleichsweise früh begannen Endnutzer beispielsweise mit dem Einsatz von Weblogs als journalistische Plattformen, von Wikis als Plattform für Lexika oder von Online Social Networks zur Vernetzung mit geschäftlichen oder privaten Kontakten. Ein zentrales Charakteristikum von entsprechenden Angeboten (wie beispielsweise Facebook, Youtube, Wikipedia) ist, dass die Benutzer gleichzeitig als Bereitsteller und Konsument von Inhalten fungieren. Die Anbieter stellen im Wesentlichen lediglich eine Plattform zur Verfügung und führen bestenfalls erforderliche Moderations- und Kontrollfunktionen aus. Die schnell ansteigende Popularität der sozialen Medien verbunden mit schnellen Wachstumsraten hat die Art und Weise der Internetnutzung und auch der Mediennutzung im Allgemeinen – vor allem von zunächst jüngeren Nutzern – stark verändert, sodass das Thema Social Media mit Verzögerung schließlich auch auf der Agenda einiger Unternehmensstrategen landete. Seitdem werden soziale Medien zunehmend für unternehmensinterne und -externe Zwecke eingesetzt. Für die externe Kommunikation, vor allem an der Kundenschnittstelle, werden nun neue Kanäle für Marketing-, Vertriebs- und Serviceprozesse genutzt, etwa Facebook, Twitter, Whatsapp, oder Skype. Auf der anderen Seite werden für interne Zwecke spezifische Lösungen zur Unterstützung des organisationalen Wissensmanagement eingesetzt (etwa Microsoft Yammer oder IBM Connect).

Eine weiteres großes „Hype-Thema" der vergangenen Jahre ist das Cloud Computing, was aus unserer Sicht tatsächlich einen Paradigmenwechsel in der Bereitstellung von IT-Infrastrukturen ausgelöst hat und dadurch als ein wesentlicher Treiber der Digitalen Revolution angesehen werden kann. Die Kernidee des Cloud Computing besteht darin, dass IT-Leistungen (zum Beispiel Speicher, Software, Infrastruktur) abstrahiert von den Details ihrer physischen Beschaffenheit über ein Netzwerk (in der Regel das Internet) zur Verfügung gestellt beziehungsweise genutzt werden können. Diese Abstraktion führt dazu, dass es – zumindest

---

[5]Entress-Fürsteneck M Von, Urbach N, Buck C, Eymann T (2016) IT-Konsumerisierung: Strategien und Maßnahmen in mittelständischen Unternehmen. HMD – Praxis der Wirtschaftsinformatik 53(2):254–264.

in der Ausprägung der sogenannten Public Cloud – für den Konsumenten nicht mehr notwendig oder entscheidend ist, zu wissen, wo sich die Infrastruktur befindet und wie sie beschaffen ist („IT-Bezug aus der Wolke"). Auch wenn die wesentliche technologische Innovation des Cloud Computing lediglich im effizienten Einsatz von Virtualisierungstechnologien sowie der gestiegenen Netzwerk-Bandbreiten besteht, so sind wir durch Cloud Computing der Vision der „IT aus der Steckdose" sehr nahe gekommen. Ähnlich wie bei den sozialen Medien hat das Cloud Computing zunächst im privaten Kontext weite Verbreitung gefunden. Beispiele für prominente Dienste, die in kürzester Zeit Nutzerzahlen im hohen zweistelligen Millionenbereich erreicht haben, sind Dropbox, Apple iCloud, Google Docs und Microsoft Office 365. Obwohl das Konzept im Unternehmenskontext nicht völlig neu ist (salesforce.com ist mit seinem CRM-System bereits seit 1999 auf dem Markt), so findet der Durchbruch von Cloud Computing in der Geschäftswelt erst gerade jetzt statt. Für die Unternehmen bestehen die Nutzenpotenziale von Cloud Computing vor allem darin, dass Softwarezugänge, Programmierumgebungen oder IT-Infrastruktur durch Cloud Computing in Kürzester Zeit abgerufen und genutzt werden können, ohne dass langwierige Implementierungs- und Installationszeiträume abgewartet werden müssen. Gleichzeitig sind die Angebote in der Regel wartungsarm (Serviceerbringung durch den Dienstleister), nahezu beliebig skalierbar sowie nutzenabhängig zu vergüten. Noch zu lösende Herausforderungen bestehen andererseits noch in der teils aufwendigeren Integration in die IT-Landschaft, eingeschränkten Customizing-Möglichkeiten sowie meist nicht auf den Kunden zugeschnittenen SLAs. Des Weiteren ist ein vergleichsweise höherer Aufwand zur Sicherstellung von Datenschutz und Datensicherheit zu betreiben, was keine triviale Aufgabe darstellt. Ein Nebeneffekt der gewachsenen Beliebtheit von Cloud Computing in den Fachabteilungen einiger Unternehmen ist das gesteigerte Aufkommen von sogenannten inoffiziellen Informationssystemen („Schatten-IT"). Hier gilt es für das IT-Management Richtlinien so zu gestalten, dass auf der einen Seite agiles und innovatives Verhalten auf der Fachseite nicht unterbunden wird, gleichzeitig aber den Anforderungen an Compliance und Sicherheit Rechnung getragen wird. Ein Beispiel für eine Geschäftsmodellinnovation durch Cloud Computing ist die Security-as-a-Service-Lösung von Datev. Das traditionelle Geschäft von Datev ist die Bereitstellung von Software für Steuerberater, Rechtsanwälte, Wirtschaftsprüfer und deren Mandanten. Mit ihrer neu geschaffenen Cloud-Lösung bietet Datev ihren Mandanten nun auch die zentrale Versorgung mit

Sicherheitsinfrastrukturen (u. a. E-Mail-Verschlüsselung, Reverse Proxy Scan), welche die lokale IT-Umgebung vor Angriffen aus dem Internet schützen.[6]

Eine technologische Entwicklung, die uns bereits seit einigen Jahren begleitet, aber vor allem in den letzten Jahren einen besonderen Einfluss sowohl auf die Unternehmenswelt als auch auf das Privatleben hat, ist das sogenannte Mobile Computing. Der Einsatz von mobilen Endgeräten zum Zwecke der Telefonie begann bereits vor mehr als 40 Jahren, als Motorola im Jahr 1973 das erste Handy vorstellte. Der Erfinder des Mobiltelefons, Martin Cooper, machte am 3. April 1973 den ersten Anruf über ein Mobiltelefon, bei dem er seinen Rivalen bei den Bell Labs anrief.[7] Seitdem ist die Entwicklung zur mobilen Telefonie ungebrochen. Nach Angaben der International Telecom Union (ITU) gibt es im Jahr 2015 mehr als 7 Mrd. Mobilfunkanschlüsse, also ungefähr einen Anschluss pro Bewohner unseres Planeten.[8] Ein wesentlicher Wachstumstreiber, welcher auch als Meilenstein für die „Digitale Revolution" angesehen werden kann, ist die Weiterentwicklung vom einfachen Mobiltelefon zum Smartphone, welche durch die Markteinführung des ersten Apple iPhone im Jahre 2007 einen großen Schub erfahren hat. Seitdem sind die entsprechenden Geräte immer leistungsfähiger geworden (mehr als mancher Desktop-PC nur einige Jahre zuvor) und lösen mittlerweile zahlreiche, nicht Telefonie-bezogene Produktkategorien wie tragbare Computer, Organizer, PDAs, MP3-Player, Video-Spiele, Navigationsgeräte, Taschenlampen, Wecker und Digitalkameras ab. Eine wesentliche Veränderung auf Konsumentenseite, die durch den Siegeszug des Smartphones ausgelöst würde, ist, dass sich entsprechende Geräte, unter anderem dank einfachster und intuitivster Bedienung, immer nahtloser in den Alltag ihrer Nutzer einfügen. Gerade die Entwicklung zum „always on" bietet großes Potenzial für neue Geschäftsmodelle. Besonders interessant dürften in diesem Bereich auch die zahlreichen weiteren Entwicklungen sein, die zum Ziel haben, die Informationsverarbeitung immer weiter an den Menschen zu binden. Hierzu zählen vor allem sogenannte Wearables, wie etwa intelligente Uhren, Brillen oder sogar Kleidung,

---

[6]BITKOM (2013) Wie Cloud Computing neue Geschäftsmodelle ermöglicht, Leitfaden. https://www.bitkom.org/Publikationen/2014/Leitfaden/Wie-Cloud-Computing-neue-Geschaeftsmodelle-ermoeglicht/140203-Wie-Cloud-Computing-neue-Geschaeftsmodelle-ermoeglicht.pdf. Zugegriffen: 30. Apr. 2016.

[7]Green B (2011) 38 years ago he made the first cell phone call, CNN, 3. April 2011. http://edition.cnn.com/2011/OPINION/04/01/greene.first.cellphone.call/. Zugegriffen: 30. Apr. 2016.

[8]ITU (2015) The world in 2015 ICT facts and figures, Mai 2015. https://www.itu.int/en/ITU-D/Statistics/Documents/facts/ICTFactsFigures2015.pdf. Zugegriffen: 30. Apr. 2016.

die zunehmend auch ihren Benutzer selbst erfassen. So werden beim sogenannten Self-Tracking bereits automatisiert Bewegungen, Schlafphasen und Körperfunktionen der Nutzer aufgenommen und ausgewertet. Das Zusammenspiel der verschiedenen Geräte, Anwendungen und Daten wird dabei durch die Nutzung neuer Big-Data- und Cloud-Technologien immer einfacher und komfortabler.

Ein weiterer technologischer Treiber der Digitalisierung, über den wir ebenfalls bereits seit einigen Jahren sprechen, ist das sogenannte Internet der Dinge („Internet of Things"). Dieses Stichwort beschreibt den Trend, dass nicht mehr nur klassische Computer und mobile Endgeräte mit dem Internet verbunden sind und kommunizieren, sondern zunehmend auch Maschinen und Geräte, die nicht in diese Kategorien fallen. Durch den Einsatz von Sensoren und Aktoren schaffen wir so aus eigentlich analogen Dingen sogenannte cyber-physische Systeme, also ein Verbund aus mechanischen und elektronischen Teilen mit informationstechnologischen Komponenten, die dadurch eine virtuelle Repräsentation in der vernetzten Welt erfahren. Durch deren zunehmende Vernetzung – unter anderem auch mit dem Menschen – wird versucht, die Informationslücke zwischen der realen und der virtuellen Welt zu minimieren. So sind eingebettete Computer mit Netzwerkfähigkeiten in immer mehr Alltagsgeräten zu finden, etwa in Waschmaschinen, Sportgeräten, Fahrzeugen sowie Schließ- und Zugangssystemen. Entsprechend werden auf dem Konsumentenmarkt bereits teils kuriose, vernetzte Produkte angeboten, wie etwa die HAPIfork, eine smarte Gabel mit integriertem Ernährungscoach, oder der smarte Recyclingcontainer des finnischen Unternehmens Enevo, der mittels Ultraschall-Messgeräten regelmäßig seinen Füllstand misst und die Daten an den Enevo-Server sendet, welcher wiederum die effiziente Entleerung der Container organisiert. Größere Aufmerksamkeit erfährt aktuell auch der Autohersteller Tesla, der die Automobile seiner Kunden regelmäßig aus der Ferne mit automatischen Softwareupdates versorgt.

Im Unternehmenskontext hat das Internet der Dinge vor allem unter dem Begriff „Industrie 4.0" große Aufmerksamkeit erlangt. Hierunter verstehen wir ein Produktionsumfeld, das aus intelligenten, sich selbst steuernden Objekten besteht, die sich zur Erfüllung von Aufgaben zielgerichtet temporär vernetzen. Analog zum generischen Internet der Dinge sprechen wir in diesem spezifischen Kontext auch von cyber-physischen Produktionssystemen, mit der wir unser der Vision einer automatisierten Fertigung immer weiter nähern.[9] Die Vernetzung von Produktionsanlagen über das Internet ermöglicht völlig neue Integrationsmöglichkeiten von

---

[9]BITKOM (2014) Industrie 4.0 – Volkswirtschaftliches Potenzial für Deutschland, Studie. https://www.bitkom.org/Publikationen/2014/Studien/Studie-Industrie-4-0-Volkswirtschaftliches-Potenzial-fuer-Deutschland/Studie-Industrie-40.pdf. Zugegriffen: 30. Apr. 2016.

Wertschöpfungsketten. Waren Zulieferer, produzierende Unternehmen und Kunden in der Vergangenheit im Wesentlichen über Dispositionssysteme miteinander verbunden, kann nun eine direkte Kopplung von Produktions- und Logistiksystemen erfolgen, woraus sich ein erhebliches Innovationspotenzial ergibt. So arbeiten beispielsweise die Unternehmen Festo und Siemens an neuen intelligenten Multi-Carrier-Systemen, die es erlauben, vollständig automatisierte Fertigungsprozesse bei einer Losgröße von eins zu realisieren. Auf Basis solcher Konzepte verschmelzen die klassische Werkstatt- und die Fließbandfertigung, und die kundenindividuelle Fertigung von Massenprodukten wird möglich.[10]

Eine letzte technologische Innovation, die wir hier vorstellen möchten, sind die sogenannten intelligenten Systeme. Hierbei handelt es sich um das Ergebnis eines langjährigen Reifeprozesses – nämlich der Forschungsarbeit im Gebiet der Künstlichen Intelligenz (KI). Ziel der Anstrengungen war und ist, Computern eine menschenähnliche Intelligenz zu verleihen, sodass sie eigenständig komplexe Probleme bearbeiten können. Neben den immer besseren Algorithmen haben auch einige der oben vorgestellten Innovationen zum Aufschwung der intelligenten Systeme beigetragen, etwa die Möglichkeit zur Verarbeitung von Big Data sowie die Etablierung des Cloud Computing und des Internet der Dinge. Anders als ursprünglich geplant und erwartet, findet die Renaissance der Idee der Künstlichen Intelligenz nämlich nicht auf Basis einzelner Systeme statt, sondern meist auf Grundlage von vernetzten Rechnerverbünden. Einfache Beispiele von intelligenten Systemen, die wir schon als Selbstverständlichkeit in unseren Alltag integriert haben, sind semantische Suchmaschinen wie Wolfram Alpha oder auch Google, welche natürliche Sprache als Eingabe akzeptieren und dabei versuchen, die Semantik einer Frage zu erfassen. Ebenso werden immer häufiger automatische Sprachassistenten und Dialogsysteme wie Siri (Apple), Cortana (Microsoft) oder Google Now (Alphabet) zur Steuerung von Smartphones und anderen Endgeräten eingesetzt. Auch die Automobilindustrie ist von dieser Entwicklung betroffen, was die Entwicklung von selbstfahrenden Autos belegt. Beflügelt durch die Pionierarbeiten einiger universitärer Einrichtungen und auch von Google mit seinem Driverless Car, sind nun auch die meisten Massenhersteller technologisch grundsätzlich in der Lage, Fahrzeuge bereitzustellen, die kein manuelles Steuern seitens des Fahrers erfordern. Auch wenn mit einem Teilstück der A9 in Bayern bereits eine Teststrecke zur Weiterentwicklung des autonomen Fahrens bereitgestellt wird, werden aufgrund von ethischen Fragestellungen und auch juristischen Herausforderungen bis zur Serienreife jedoch noch einige Jahre ins Land

---

[10]VDMA (2015) Industrie 4.0 konkret – Lösungen für die industrielle Praxis, April 2015. http://hm.vdma.org/documents/10181/20674/I40_Broschuere.pdf/5d4ae916-1e7b-4320-a769-10e985abb3b9. Zugegriffen: 30. Apr. 2016.

gehen. Im Unternehmenskontext ruhen die Hoffnungen auf der Weiterentwicklung der Robotik, also von zunehmend autonomer agierenden Maschinen, wie wir sie im Sinne der Industrie 4.0 bereits erleben. Eine Lösung für weitergehende geschäftsrelevante Anwendungsfälle könnte das von IBM angebotene Computersystem Watson darstellen, welches im Jahr 2011 große Aufmerksamkeit erlangt hat, nachdem es in der amerikanischen Quizsendung Jeopardy zwei menschliche Gegner geschlagen hatte. Durch seine Fähigkeit, selbstständig Informationen aus Daten zu gewinnen und Schlüsse zu ziehen, birgt Watson Potenzial für zukünftige Anwendungen etwa im Kundenservice, im Gesundheitswesen sowie in der Finanzbranche.[11]

Nach der Darstellung der zentralen technologischen Treiber der Digitalen Transformation stellt sich die Frage, was im Kern die Besonderheiten dieser Innovationen im Vergleich zu früheren Technologien sind. Wie bereits zuvor angedeutet, sind die vorgestellten Ansätze nicht unbedingt als revolutionär anzusehen. Vielmehr ergibt sich ihre Innovationskraft aus der massiv gestiegenen Leistungsfähigkeit, den deutlich besseren Vernetzungsmöglichkeiten und der immer stärkeren Verbreitung. Die gesteigerte Leistungsfähigkeit ist schlicht ein Resultat immer günstigerer und dadurch meist in größerem Umfang nutzbarer Speicher sowie kontinuierlich schnellerer Prozessoren. Des Weiteren lassen sich Geräte immer einfacher vernetzen und zu schnelleren Rechnerverbünden erweitern. Diese Entwicklungen führen zum einen zu einer neuen Quantität und Qualität von Daten, der Möglichkeit der Echtzeitverarbeitung sowie der multimedialen Verarbeitung von Daten. Zum anderen erfahren wir durch den Einsatz von Aktoren und Sensoren eine zunehmende Autonomie der eingesetzten Technologien. Hinsichtlich der Verbreitung sind die neuen Technologien durch eine hohe Ubiquität gekennzeichnet. Informationstechnologie erreicht heute alle Lebensbereiche ihrer Nutzer. Die Folge der genannten Entwicklungen sind nahezu grenzenlose Möglichkeiten für den Einsatz innovativer Informationstechnologien, auch und vor allem zu Geschäftszwecken.

Die Digitale Revolution und ihre disruptive Wirkung

Die gegenwärtig stattfindende Transformation von Geschäfts- und Wertschöpfungsmodellen getrieben durch die oben genannten sowie weiterer technologischen Innnovationen wird derzeit unter dem Stichwort Digitalisierung regelrecht „gehypt". Während IT-Themen zuvor nur selten Bestandteil von geschäftlichen

---

[11]IBM (2015) Von Deep Blue zu Watson. http://www-05.ibm.com/de/watson/. Zugegriffen: 30. Apr. 2016.

Diskussionen war, so hat man aktuell bei der Durchsicht einschlägiger Wirtschaftsmagazine beinahe das Gefühl, eine IT-Zeitschrift in der Hand zu halten. Beim Blick in die Unternehmen stellen wir schnell fest, dass das Thema Digitalisierung tatsächlich eine große Rolle in Strategiediskussionen einnimmt und oftmals bereits durch laufende Projekte adressiert wird. Für viele Experten, insbesondere mit IT-Hintergrund, erscheint dieser Trend zur Digitalisierung dabei durchaus übertrieben, zumindest werden der Zeitpunkt und die Intensität der aktuellen Diskussionen als bemerkenswert angesehen. Ein wesentlicher Reibungspunkt ist der Begriff der Digitalisierung. Wikipedia versteht unter dem Begriff Digitalisierung beispielsweise „die Überführung analoger Größen in diskrete (abgestufte) Werte, zu dem Zweck, sie elektronisch zu speichern oder zu verarbeiten" oder „in einem allgemeinen Sinn […] auch der gesamte Vorgang von der Erfassung und Aufbereitung bis hin zur Speicherung von analogen Informationen auf einem digitalen Speichermedium (z. B. einer CD)". Offensichtlich meinen wir mit dem aktuellen Trend zur Digitalisierung jedoch etwas anderes.

Mit Digitalisierung bezeichnen wir heute den Einsatz technologischer Innovationen im Geschäftskontext mit signifikantem Einfluss auf Produkte, Dienstleistungen, Geschäftsprozesse, Absatzkanäle und Versorgungswege. Die damit verbundenen Nutzenpotenziale beinhalten unter anderem die Steigerung von Umsatz oder Produktivität, Innovationen in der Wertschöpfung sowie neue Formen der Kundeninteraktion. Die Digitale Transformation hat dabei disruptive Konsequenzen für viele Unternehmen und Branchen, sodass eine Weiterführung des analogen Geschäfts oftmals keine echte Option darstellt. Aufgrund des weitreichenden Charakters der technologischen Veränderungen ist dabei zu erwarten, dass diese disruptiven Veränderungen deutlich weitreichender sind als etwa die, welche die Einführung des Internets unmittelbar nach sich gezogen hat. Dabei kann es dazu kommen, das vormals erfolgreich operierende Unternehmen in kurzer Zeit ihre dominierende Stellung im Wettbewerb einbüßen. Hierfür gibt es viele Beispiele der Vergangenheit, etwa die der Unternehmen Kodak und Nokia. Kodak, einst weltweit führender Fotokonzern, hatte den Wandel von der Analog- zur Digitalfotografie zu spät erkannt und ist in kurzer Zeit mit seinem tradierten Geschäftsmodell in die Insolvenz gerutscht.[12] Ähnlich ging es auch dem Mobiltelefonhersteller Nokia, welcher noch im Jahr 2011 Weltmarktführer auf dem Handymarkt war, heute jedoch nur noch ein Nischendasein fristet. Nokia konnte trotz seiner Stärke auf dem klassischen Mobiltelefonmarkt bei der Entwicklung des

---

[12]Stöcker, C (2012) Fotokonzern am Ende: Wie Kodak aus unserem Leben verschwand. Spiegel Online, 19. Januar. http://www.spiegel.de/netzwelt/gadgets/fotokonzern-am-ende-wie-kodak-aus-unserem-leben-verschwand-a-810043.html. Zugegriffen: 30. Apr. 2016.

Smartphones nicht mit den neuen Konkurrenten Samsung und Apple mithalten.[13] Die Herausforderung von Unternehmen im Zeitalter der Digitalen Transformation besteht also darin, bestehende Geschäftsmodelle zu hinterfragen und unter Einsatz neuer Technologien weiterzuentwickeln oder gar zu revolutionieren, um nicht Opfer der disruptiven Kraft der Digitalisierung zu werden. Die aktuelle Gefahr, der sich derzeit viele Unternehmen ausgesetzt fühlen, lässt sich sehr schön mit einem Zitat des amerikanischen Autors Stewart Brand auf den Punkt bringen: „Once a new technology rolls over you, if you're not part of the steamroller, you're part of the road".[14]

Wie das Business vom Trend zur Digitalisierung profitieren kann

Die Nutzenpotenziale, die sich aus der Digitalisierung für die Geschäftswelt ergeben, sind enorm. Vor allem versprechen sich viele Unternehmen, gerade junge Start-ups, Geschäftsmodellinnovationen durch die Nutzung digitaler Technologien. Beispiele für solche Geschäftsmodellinnovationen sind die zahlreichen Geschäftsideen der sogenannten Shareconomy. Erfolgreiche Unternehmen aus diesem Bereich finden sich vor allem beim Carsharing (zum Beispiel car2go, DriveNow), bei Mobilitätsdienstleistungen (zum Beispiel Uber, Mitfahrzentrale) und bei geteiltem Wohnraum (zum Beispiel Airbnb, couchsurfing.org). Die wesentliche Idee dieses Geschäftskonzepts besteht darin, Ressourcen, die nicht dauerhaft benötigt werden, mit anderen Personen zu teilen. Der besondere Reiz des Ansatzes besteht darin, dass alle beteiligten Akteure profitieren; der Bereitsteller bekommt seine Investition sukzessive zurückvergütet, der Konsument erhält die Leistung zu einem vergleichsweise günstigen Preis angeboten, und die betreibende Plattform erhält typischerweise eine Vermittlungsprovision. Volkswirtschaftlich betrachtet werden durch den geteilten Konsum knappe Ressourcen besser genutzt und somit Gütermengen reduziert, ohne dass wir unseren Lebensstandard senken müssen. Gleichzeitig hat die Shareconomy auch ein

---

[13]Focus Online (2012) Hintergrund: Aufstieg und Niedergang von Nokia, 14. Juni 2012. http://www.focus.de/digital/computer/telekommunikation-hintergrund-aufstieg-und-niedergang-von-nokia_aid_767328.html. Zugegriffen: 30. Apr. 2016.
[14]Brand S (1987) The media lab: Inventing the future at MIT. Viking, New York.

ökologisches Potenzial. Ein viel zitiertes Beispiel an dieser Stelle ist die Bohrmaschine, die derzeit im privaten Kontext durchschnittlich 45 h im Laufe ihres Lebens genutzt wird, obwohl über 300 h problemlos möglich wären.[15]

Eine weitere Chance der Digitalisierung (und gleichzeitig Bedrohung für die etablierten Player), besteht in der Möglichkeit für Unternehmen, mit den neuen technologischen Möglichkeiten in etablierte Märkte einzudringen und dort mit innovativen Angeboten Fuß zu fassen. Eine beispielhafte Branche, die derzeit massiv durch neue Marktteilnehmer beeinflusst wird, ist der Automobilsektor. Hier ist Tesla Motors, ein erst im Jahr 2003 gegründetes amerikanisches Unternehmen, in kürzester Zeit zum Marktführer bei Elektroautos der Oberklasse geworden, während die etablierten Hersteller im Bereich der Elektromobilität immer noch hinterherhinken. Ebenso waren es bislang im Wesentlichen nicht die etablierten Player, welche die Entwicklungen zum bereits angesprochenen selbstfahrenden Auto vorangetrieben haben, sondern vor allem Technologiekonzerne wie Google und Apple. Man darf an dieser Stelle gespannt sein, welche Fahrzeugmarken in den kommenden Jahrzenten marktführend sein werden.

Eine vergleichbare Entwicklung ist derzeit auch in der Finanzindustrie zu beobachten. Ganz nach der bereits im Jahr 1994 von Bill Gates aufgestellten These „banking is necessary, banks are not" versuchen immer mehr Start-ups, die großen Banken und Finanzdienstleister mit modernen Produkten und Dienstleistungen herauszufordern. Die jungen Unternehmen punkten dabei vor allem dadurch, dass sie sehr gut verstehen, was ihre Kunden in der digitalen Welt wünschen. Für die Erstellung ihres Leistungsangebots setzen sie daher auf das Zusammenspiel von ausgewählten digitalen Technologien wie Social Media, Mobile Computing, Big Data Analytics und Cloud Computing. Die traditionellen Player im Bankenmarkt, die derzeit um ihr Geschäft fürchten, haben diese Entwicklungen hingegen erst sehr spät erkannt und versuchen nun mit Investitionen teilweise in Milliardenhöhe gegenzusteuern.

Neben Innovationen auf der Geschäftsmodellebene, wird durch die Digitalisierung auch ein hoher Nutzen für die betriebliche Wertschöpfung, vor allem im Produktionsbereich, erwartet. Unter dem bereits thematisierten Stichwort „Industrie 4.0" und der Leitidee der „Smart Factory" folgend, befinden wir uns aktuell auf dem Weg zur nächsten Stufe der Automatisierung der industriellen Fertigung durch Maschinen, die untereinander kommunizieren und autonom agieren. Dieser

---

[15]Leismann K, Schmitt M, Rohn H, Baedeker C (2012) Nutzen statt Besitzen – Auf dem Weg zu einer ressourcenschonenden Konsumkultur, Heinrich-Böll-Stiftung, Schriften zur Ökologie, Bd 27. https://www.boell.de/de/content/nutzen-statt-besitzen-auf-dem-weg-zu-einer-ressourcenschonenden-konsumkultur. Zugegriffen: 30. Apr. 2016.

Entwicklung wird derzeit eine hohe volkswirtschaftliche Bedeutung beigemessen, weshalb wir in diesem Kontext von der vierten industriellen Revolution sprechen – als nächste Evolutionsstufe nach der Einführung mechanischer Produktionsanlagen mithilfe von Wasser- und Dampfkraft (erste industrielle Revolution), der Einführung arbeitsteiliger Massenproduktion mithilfe von elektrischer Energie (zweite industrielle Revolution) sowie dem Einsatz von Elektronik und Informationstechnologie zur weiteren Automatisierung der Produktion (dritte industrielle Revolution). Die anvisierte Fabrik der Zukunft organisiert sich dank miteinander kommunizierender Maschinen und Werkstücke selbst und ist mit Lieferanten und Kunden vernetzt. Daher erkennt die intelligente Fabrik selbst, wie viele Teile wann und in welcher Stückzahl produziert werden müssen – Vorprodukte und Rohstoffe werden entsprechend automatisch bestellt. Die resultierende Flexibilität ist enorm, wodurch unter anderem das sogenannte „Mass Customization", also die Herstellung von Kleinserien oder sogar von kundenindividuellen Produkten („Losgröße 1") zum Preis vergleichbarer Standardprodukte möglich wird.[16] Ein anschauliches Beispiel für Mass Customization im Produktionsbereich ist beim Automobilhersteller Opel zu beobachten. Beim Kauf eines Opel Adam kann der Kunde neben der obligatorischen Karosseriefarbe auch die Farben des Daches, der Außenspiegel und der Grillspange individuell bestimmen. Selbst im Interieur gibt es zahlreiche Individualisierungsmöglichkeiten, sodass das Fahrzeug auf mehrere hunderttausend Arten den eigenen Vorstellungen angepasst werden kann.[17]

Durch den Trend zur Digitalisierung ergeben sich auch zahlreiche, neue Möglichkeiten für Marketing, Vertrieb und Kundenservice. Die neuen Technologien ermöglichen zunächst neue Kanäle der Kundeninteraktion. Vor allem durch den Aufschwung von Social Media ist eine Erweiterung der klassischen Marketing-, Vertriebs- und Servicekanäle um neue Interaktionsmedien wie beispielsweise Facebook, Twitter, Whatsapp oder Smartphone-Apps vor allem zum Erreichen junger, in zunehmendem Maße aber auch älterer, Zielgruppen als vielversprechend anzusehen. Dadurch können vor allem die veränderten Erwartungen der Kunden hinsichtlich einer durchgängigen Verfügbarkeit „rund um die Uhr"

---

[16]Denner V (2014) Industrie 4.0 – Der Schlüssel zum Erfolg, Handelsblatt, 12. December 2014. http://www.handelsblatt.com/technik/das-technologie-update/energie/industrie-4-0-der-schluessel-zum-erfolg/11114444.html. Zugegriffen: 30. Apr. 2016.
[17]Opel (2014) Creating unique vehicles, Opel Post, September 2014. https://opelpost.com/09/2014/creating-unique-vehicles/. Zugegriffen: 30. Apr. 2016.

bedient werden. Getrieben durch die Erfahrungen der Kunden in sozialen Netz-werken und der „always on"-Mentalität von Smartphone-Nutzern werden heute viel kürzere Reaktionszeiten von Unternehmen erwartet als noch vor wenigen Jahren. Entsprechend setzen die Unternehmen bereits jetzt verstärkt auf das Online-Marketing und eine viel stärkere Pflege der eigenen Webseiten, Facebook-Präsenzen und Twitter-Kanäle. Als erfolgsversprechendes Kampagneninstrument hat sich in der digitalen Welt das sogenannte „virale Marketing" herausgestellt. Hierbei werden in der Regel unterhaltsame Kampagnen in Form von kurzen Videos oder Grafiken gepaart mit oftmals eher unaufdringlichen Werbebotschaf-ten in soziale Netzwerke „ausgesät". Erfolgreiche Kampagnen verbreiten sich anschließend ähnlich einem Virus, der von Nutzer zu Nutzer weitergetragen wird. Ein bekanntes Beispiel eines viralen Werbespots ist das Video der Lebensmittel-kette Edeka, in dem der berliner Künstler Friedrich Liechtenstein zum Song „Supergeil" durch Supermarktregale und Wohnzimmer schwoft.[18] Das Video hatte nach seiner Veröffentlichung im Februar 2014 eine extreme Verbreitung widerfah-ren, bis Ende 2015 wurde es mehr als 15 Mio. Mal auf Youtube abgerufen. Neben den zusätzlichen Kommunikationskanälen zum Kunden bieten die neuen, digita-len Technologien auch die Möglichkeit, den Kunden und seine Bedürfnisse vor allem durch den Einsatz von Big Data Analytics viel besser zu verstehen und gezielter anzusprechen. So schaltete beispielsweise die Outdoor-Marke Columbia dynamische Werbebanner auf mobilen Webseiten, die anhand des Standorts des Nutzers und den zugehörigen Wetterdaten die jeweils passenden Kaufaufforderun-gen zeigten – von Flipflops bis Regenjacken, je nach Wetterlage.[19] Der Klassiker in diesem Bereich sind natürlich auch die Kaufempfehlungen bei Amazon, die auf Basis früher Käufe und dem Kaufverhalten vergleichbarer Kunden generiert und kundenspezifisch angezeigt werden. Diese Entwicklungen führen dazu, dass der Kunde heutzutage meist sehr viel stärker im Fokus steht als noch vor einigen Jah-ren. Die technologischen Möglichkeiten helfen den Unternehmen und ihren Mar-ketingabteilungen, potenzielle und bestehende Kunden zu differenzieren und ihnen speziell auf sie zugeschnittene Informationen bereitzustellen. Dadurch wird auch das sogenannte Customer Experience Management ermöglicht, das zum Ziel

---

[18]Löhr J (2014) Virales Marketing: Werbung wie ein Grippevirus, FAZ, 25. März 2014. http://www.faz.net/aktuell/wirtschaft/unternehmen/virales-marketing-werbung-wie-ein-grippevirus-12863548.html. Zugegriffen: 30. Apr. 2016.

[19]Puscher F (2015) Kreativer Einsatz von Daten im Online Marketing: 10 Beispiele für BigData-Kampagnen, die verblüffen, E8 Magazin, 21. September 2015. https://www.e8ma-gazin.de/kreativer-einsatz-von-daten-im-online-marketing-10-beispiele-fuer-bigdata-kam-pagnen-die-verblueffen/. Zugegriffen: 30. Apr. 2016.

hat, durch die Schaffung positiver Kundenerfahrungen aus zufriedenen Kunden loyale Kunden und schließlich Botschafter für ein Produkt oder eine Marke zu machen. Durch die immer größere Nähe zum Kunden stellt sich für Unternehmen im B2B-Handel die Frage, ob sich die hergestellten Produkte nicht auch problemlos im Direktvertrieb an den Endkunden verkaufen lassen, ohne den Einzelhandel als Intermediär einzubinden. Ein attraktiver Webshop oder eine gut gestaltete App sind heute oft ausreichend, um einen Großteil der potenziellen Kunden zu erreichen. So experimentieren deutsche Automobilhersteller bereits mit netzbasierten Direktvertriebsmodellen, wie beispielsweise BMW beim Verkauf seiner Elektrofahrzeuge.[20]

Die Digitalisierung wird unserer Meinung nach in einigen Unternehmen auch zu einer veränderten Organisationsstruktur führen – im Kern zu einer Verflachung. Hintergrund sind vor allem die neuen Kommunikationswege durch den Einsatz sozialer Medien. Durch deren Einsatz kann die Kommunikation sehr einfach horizontal über Abteilungsgrenzen hinweg erfolgen – auch zwischen Unternehmensmitarbeitern, die sich nicht persönlich kennen. Damit verliert die normale vertikale Kommunikation über Vorgesetzte und Berichtswege an Bedeutung, mit der Folge, dass die Kommunikation im Allgemeinen weniger gut steuerbar wird. Die Entwicklungen können zudem zu einer neuen Art der Entscheidungsfindung und des Managements führen. Mit Technologien wie Big Data, Cloud Computing und Internet of Things stehen potenziell ganz andere Informationen als Basis für Managemententscheidungen zur Verfügung. Sämtliche Basisinformationen sind (nahezu) vollständig und stets aktuell („realtime"). Dadurch wird es den Entscheidern ermöglicht, eine viel größere Zahl an Handlungsalternativen zu entwickeln und diese auch effizient zu bewerten. Diese Bewertung erfolgt nicht mehr mithilfe einfacher Entscheidungsmodelle auf Basis einer Vielzahl von Annahmen, sondern durch einen Hypothesentest auf der Basis großer empirischer Datenbestände. Entsprechend nimmt die Entscheidungsgeschwindigkeit und -qualität deutlich zu.

Das an dieser Stelle letztgenannte Nutzenpotenzial der Digitalisierung bezieht sich auf die Gestaltung des Wissensarbeitsplatzes, an den durch die gegenwärtigen Entwicklungen in Wirtschaft, Gesellschaft und Informationstechnologie veränderte Anforderungen gestellt werden. Durch den Einsatz technologischer Innovationen bieten sich zahlreiche neue Möglichkeiten der Arbeitsplatzgestaltung, um

---

[20]Roland Berger Strategy Consultants (2015) Die Digitale Transformation der Industrie, 17. März 2015. http://www.rolandberger.de/media/pdf/Roland_Berger_Analysen_zur_Studie_Digitale_Transformation_20150317.pdf. Zugegriffen: 30. Apr. 2016.

diesen Anforderungen gerecht zu werden. So ermöglichen moderne, digitale Arbeitsplatzkonzepte beispielsweise das verteilte Arbeiten an jedem Ort und zu jeder Zeit sowie eine zunehmende Selbstbestimmung in den Arbeitsabläufen unterstützt durch verschiedenste Gerätetypen je nach spezifischem Arbeitskontext. Ziel des digitalen Arbeitsplatz ist es, die Produktivität der Mitarbeiter zu steigern, neue Arten von Arbeiten zu ermöglichen, den Zugriff auf bestehendes Wissen im Unternehmen zu verbessern, die Mitarbeiterzufriedenheit zu erhöhen sowie die Innovation und Kreativität der Mitarbeiter zu verbessern.[21] Ein Beispiel für den „digitalen Arbeitsplatz der Zukunft" ist beim Pharmahersteller Merck zu finden, der einen neuen Digital Workplace für seine 39.000 Mitarbeiter in aller Welt geschaffen hat. Die Mitarbeiter können nun eine Informations-, Kommunikations- und Kollaborationsplattform nutzen, um miteinander zu kommunizieren, zusammenzuarbeiten und sich jeweils in Echtzeit über den aktuellen Stand der Dinge zu informieren.[22] Auch der Rückversicherer Munich Re hat in den vergangenen Monaten am „Next Generation Workplace" gearbeitet. Ziel der Projektinitiative ist, dass die Mitarbeiter nach Bedarf eigene oder vom Unternehmen gestellte Geräte benutzen sowie überall vom Büro über den Firmencampus bis zum Homeoffice mobil arbeiten können. Die Mitarbeiter sollen dadurch in die Lage versetzt werden, an jedem Ort der Welt zusammenarbeiten zu können.[23]

Das digitale Unternehmen ist auch einigen Risiken ausgesetzt

Natürlich hat die Transformation zum digitalen Unternehmen nicht nur positive Aspekte. Ein immer stärker auf die innovative Nutzung von Technologien ausgerichtetes Geschäft ist auch zahlreichen Risiken ausgesetzt. Ein Ausfall der eingesetzten Technologien ist im Regelfall geschäftsschädigend und kann im Extremfall existenzgefährdend sein. Entsprechend wird das Konzept des Business

---

[21]Urbach N, Ahlemann F (2016) Der Wissensarbeitsplatz der Zukunft: Trends, Herausforderungen und Implikationen für das strategische IT-Management. HMD – Prax der Wirtsch 53(1):16–28.

[22]Kurzlechner W (2015) Collaboration: Merck baut digitalen Arbeitsplatz der Zukunft, 26. November 2015, CIO. http://www.cio.de/a/merck-baut-digitalen-arbeitsplatz-der-zukunft,3250198. Zugegriffen: 30. Apr. 2016.

[23]Freimark A (2014) Arbeitsplatz 2020: Munich Re baut den Next Generation Workplace, 11. Juni 2014, CIO. http://www.cio.de/a/munich-re-baut-den-next-generation-workplace,2958161. Zugegriffen: 30. Apr. 2016.

Continuity Management in den meisten Unternehmen an Bedeutung gewinnen. Ebenso sind digitale Unternehmen durch ihre hohe IT-Durchdringung im besonderen Maße den Gefahren des Cyber-Crime und der Wirtschaftsspionage ausgesetzt. Ein ausgeprägtes Sicherheitsmanagement wird dadurch zur zentralen Fähigkeit, um möglichen Vorfällen vorzubeugen. Dadurch dass viele Geschäftsmodelle des Digital Business auf der Verarbeitung privater Daten beruhen, werden sowohl Datensicherheit als auch Datenschutz zu geschäftskritischen Aufgaben. Beim nichtsensiblen Umgang mit personenbezogenen Daten wird das digitale Unternehmen mit hoher Wahrscheinlichkeit unter Kundenabkehr leiden (auch wenn wir bei Google und Facebook derzeit das umgekehrte Phänomen beobachten können). Durch die mit der Digitalisierung einhergehende Steigerung der Transparenz von Geschäftsmodellen besteht zudem eine erhöhte Gefahr der Geschäftsmodellimitation sowie neuer Konkurrenten. Mit einer klaren Markenbotschaft und dem Aufbau von Reputation kann an dieser Stelle entgegengewirkt werden. Nicht zuletzt wird das Gewinnen und Halten von geeigneten Mitarbeitern zu einer fortwährenden Herausforderung. Das Entwickeln und Betreiben digitaler Unternehmen erfordert sehr spezifische Mitarbeiterfähigkeiten, über die derzeit nur wenige Arbeitnehmer verfügen.

Implikationen der Digitalisierung auf das IT-Management

Obwohl die Digitale Transformation ein stark durch Informationstechnologien getriebenes Phänomen darstellt, so sehen wir spätestens durch die obigen Ausführungen, dass Geschäftsfunktionen im Vordergrund stehen. Nichtsdestotrotz bleibt es aber ein IT-Thema. Entsprechend stellt sich die Frage, wie die IT-Organisation der Zukunft mit diesen geänderten Rahmenbedingungen umgehen kann und den verstärkten IT-Einsatz, den die Digitalisierung erfordert, ermöglicht, unterstützt oder sogar vorantreibt. Aus Sicht der IT-Organisation ergeben sich durch die Digitale Transformation mehrere Herausforderungen auf verschiedenen Ebenen. Zunächst muss sie Schritt halten mit den technologischen Veränderungen. Es gilt, die neuen Technologien zu verstehen, ihre Einsatzmöglichkeiten zu bewerten und sie gegebenenfalls auch zu beherrschen. Gleichzeitig muss die IT-Organisation auch ihre eigene Rolle im Unternehmen weiterentwickeln. Derzeit verstehen sich viele IT-Organisationen als reiner Service-Provider und werden nicht selten auch so wahrgenommen. Zwar werden IT-Innovationen realisiert – jedoch meist reaktiv, als Reaktion auf Anforderungen der Fachbereiche, oder inkrementell, das heißt als technologische Verbesserung bisher vorhandener technologischer Lösungen.

Für die Digitalisierung ist aber eine neue, weitergehende Rolle einzunehmen und in der Organisation zu vertreten. Hiermit ist auch die Frage nach der organisatorischen Verankerung der IT-Funktion sowie der Vertretung in der Leitungsebene eines Unternehmens verbunden. Dazu gehört auch die Entwicklung von Fähigkeiten, Strukturen und Prozessen, mit denen IT-basierte Innovationen für die Digitalisierung entwickelt werden können. Des Weiteren stellt sich die Frage nach geeigneten Architekturen. IT-Innovationen sind – insbesondere wenn sie eine Integration in die bestehende IT-Landschaft erfordern – leichter zu realisieren, wenn bestehende Architekturen flexibel, modular und elastisch gestaltet sind. Auch hier gilt es entsprechende Vorbereitungen zu treffen. Schließlich benötigen – wie das gesamte digitale Unternehmen – auch die IT-Organisationen die notwendigen Mitarbeiter für den digitalen Wandel. Die Digitalisierung erfordert zusätzliche und andere Ressourcen als die, über die heutige IT-Organisationen üblicherweise verfügen. Mitarbeiter, die neue Produkte, Dienstleistungen und Geschäftsmodelle entwickeln, benötigen andere Fähigkeiten und Begabungen, vielfach auch eine andere Ausbildung als im „analogen" Business. Mit dem nachfolgenden Kapitel möchten wir die geänderten Anforderungen an die IT-Organisation und ihr Management in den historischen Kontext einordnen. Anschließend werden wir unsere Thesen über die IT-Organisation der Zukunft vorstellen und kurz erläutern.

Überblick: Die Digitale Revolution

- Die Geschäftswelt unterliegt derzeit einem drastischen Wandel hinsichtlich ihrer Geschäftsmodelle und Wertschöpfungsketten.
- Auslöser für die gegenwärtigen Entwicklungen sind neue Technologien wie Big Data Analytics, Social Media, Cloud Computing, Mobile Computing, Internet of Things und intelligente Maschinen.
- Unter Digitalisierung verstehen wir den Einsatz technologischer Innovationen im Geschäftskontext mit signifikantem Einfluss auf Produkte, Dienstleistungen, Geschäftsprozesse, Absatzkanäle und Versorgungswege.
- Die Digitale Transformation hat disruptive Konsequenzen für viele Unternehmen und Branchen; eine Weiterführung des analogen Geschäfts stellt oftmals keine Option dar.
- Unternehmen profitieren von der Digitalisierung hinsichtlich neuer Geschäftsmodelle und Märkte, Wertschöpfungsinnovationen, neuer Möglichkeiten für Marketing und Vertrieb, neuer Kommunikationswege, neuer Arten der Entscheidungsfindung sowie neuer Gestaltungsmöglichkeiten für den Wissensarbeitsplatz.

- Das digitale Unternehmen ist auch einigen Risiken, vor allem hinsicht lich Technologie-Verfügbarkeit, Sicherheit und Datenschutz, ausgesetzt.
- Die Digitalisierung hat signifikante Auswirkungen auf IT-Organisationen und ihr Management.

Literatur

BITKOM (2013) Wie Cloud Computing neue Geschäftsmodelle ermöglicht, Leitfaden. https://www.bitkom.org/Publikationen/2014/Leitfaden/Wie-Cloud-Computing-neue-Geschaeftsmodelle-ermoeglicht/140203-Wie-Cloud-Computing-neue-Geschaeftsmodelle-ermoeglicht.pdf. Zugegriffen: 30. Apr. 2016

BITKOM (2014) Industrie 4.0 – Volkswirtschaftliches Potenzial für Deutschland, Studie. https://www.bitkom.org/Publikationen/2014/Studien/Studie-Industrie-4-0-Volkswirtschaftliches-Potenzial-fuer-Deutschland/Studie-Industrie-40.pdf. Zugegriffen: 30. Apr. 2016

BITKOM (2015) Big Data und Geschäftsmodell-Innovationen in der Praxis: 40+ Beispiele, Leitfaden. https://www.bitkom.org/Publikationen/2015/Leitfaden/Big-Data-und-Geschaeftsmodell-Innovationen/151229-Big-Data-und-GM-Innovationen.pdf. Zugegriffen: 30. Apr. 2016

Brand S (1987) The media lab: Inventing the future at MIT. Viking, New York

Denner V (2014) Industrie 4.0 – Der Schlüssel zum Erfolg, Handelsblatt, 12. December 2014. http://www.handelsblatt.com/technik/das-technologie-update/energie/industrie-4-0-der-schluessel-zum-erfolg/11114444.html. Zugegriffen: 30. Apr. 2016

Entress-Fürsteneck M Von, Urbach N, Buck C, Eymann T (2016) IT-Konsumerisierung: Strategien und Maßnahmen in mittelständischen Unternehmen. HMD – Praxis der Wirtschaftsinformatik 53(2):254–264

Focus Online (2012) Hintergrund: Aufstieg und Niedergang von Nokia, 14. Juni 2012. http://www.focus.de/digital/computer/telekommunikation-hintergrund-aufstieg-und-niedergang-von-nokia_aid_767328.html. Zugegriffen: 30. Apr. 2016

Freimark A (2014) Arbeitsplatz 2020: Munich Re baut den Next Generation Workplace, 11. Juni 2014, CIO. http://www.cio.de/a/munich-re-baut-den-next-generation-workplace,2958161. Zugegriffen: 30. Apr. 2016

Green B (2011) 38 years ago he made the first cell phone call, CNN, 3. April 2011. http://edition.cnn.com/2011/OPINION/04/01/greene.first.cellphone.call/. Zugegriffen: 30. Apr. 2016

IBM (2015) Von Deep Blue zu Watson. http://www-05.ibm.com/de/watson/. Zugegriffen: 30. Apr. 2016

ITU (2015) The world in 2015 ICT facts and figures, Mai 2015. https://www.itu.int/en/ITU-D/Statistics/Documents/facts/ICTFactsFigures2015.pdf. Zugegriffen: 30. Apr. 2016

Kurzlechner W (2015) Collaboration: Merck baut digitalen Arbeitsplatz der Zukunft, 26. November 2015, CIO. http://www.cio.de/a/merck-baut-digitalen-arbeitsplatz-der-zukunft,3250198. Zugegriffen: 30. Apr. 2016

Leismann K, Schmitt M, Rohn H, Baedeker C (2012) Nutzen statt Besitzen – Auf dem Weg zu einer ressourcenschonenden Konsumkultur, Heinrich-Böll-Stiftung, Schriften zur Ökologie, Bd 27. https://www.boell.de/de/content/nutzen-statt-besitzen-auf-dem-weg-zu-einer-ressourcenschonenden-konsumkultur. Zugegriffen: 30. Apr. 2016

Löhr J (2014) Virales Marketing: Werbung wie ein Grippevirus, FAZ, 25. März 2014. http://www.faz.net/aktuell/wirtschaft/unternehmen/virales-marketing-werbung-wie-ein-grippevirus-12863548.html. Zugegriffen: 30. Apr. 2016

Mattern F, Huhn W, Perrey J, Dörner K, Lorenz J-T, Spillecke D (2012) Turning buzz into gold – how pioneers create value from social media. McKinsey & Company Inc., Mai 2013. https://www.mckinsey.de/files/Social_Media_Brochure_Turning_buzz_into_gold.pdf. Zugegriffen: 30. Apr. 2016

McKendrick J (2015) Digital technologies will soon add $ 1 trillion-plus to global economy, forbes/tech, 17. März 2015. http://www.forbes.com/sites/joemckendrick/2015/03/17/digital-technologies-will-soon-add-1-trillion-plus-to-global-economy/. Zugegriffen: 30. Apr. 2016

McRae H (2015) Facebook, Airbnb, Uber, and the unstoppable rise of the content non-generators, Independent, 5. Mai 2015. http://www.independent.co.uk/news/business/comment/hamish-mcrae/facebook-airbnb-uber-and-the-unstoppable-rise-of-the-content-non-generators-10227207.html. Zugegriffen: 30. Apr. 2016

Opel (2014) Creating unique vehicles, Opel Post, September 2014. https://opelpost.com/09/2014/creating-unique-vehicles/. Zugegriffen: 30. Apr. 2016

Puscher F (2015) Kreativer Einsatz von Daten im Online Marketing: 10 Beispiele für BigData-Kampagnen, die verblüffen, E8 Magazin, 21. September 2015. https://www.e8magazin.de/kreativer-einsatz-von-daten-im-online-marketing-10-beispiele-fuer-big-data-kampagnen-die-verblueffen/. Zugegriffen: 30. Apr. 2016

Roland Berger Strategy Consultants (2015) Die Digitale Transformation der Industrie, 17. März 2015. http://www.rolandberger.de/media/pdf/Roland_Berger_Analysen_zur_Studie_Digitale_Transformation_20150317.pdf. Zugegriffen: 30. Apr. 2016

Stöcker, C (2012) Fotokonzern am Ende: Wie Kodak aus unserem Leben verschwand, Spiegel Online, 19. Januar. http://www.spiegel.de/netzwelt/gadgets/fotokonzern-am-ende-wie-kodak-aus-unserem-leben-verschwand-a-810043.html. Zugegriffen: 30. Apr. 2016

Urbach N, Ahlemann F (2016) Der Wissensarbeitsplatz der Zukunft: Trends, Herausforderungen und Implikationen für das strategische IT-Management. HMD – Prax der Wirtsch 53(1):16–28

VDMA (2015) Industrie 4.0 konkret – Lösungen für die industrielle Praxis, April 2015. http://hm.vdma.org/documents/10181/20674/I40_Broschuere.pdf/5d4ae916-1e7b-4320-a769-10e985abb3b9. Zugegriffen: 30. Apr. 2016

Die Entwicklung der Unternehmens-IT – Von den Anfängen bis zur IT-Organisation der Zukunft

Durch den im vorherigen Kapitel dargestellten Trend zur Digitalisierung ist es für viele Unternehmen erfolgsentscheidend, effektiv und effizient Geschäfts- und Wertschöpfungsmodellinnovationen hervorzubringen, entsprechende IT-Lösungen zu entwickeln sowie das eigene Unternehmen anschließend neu auszurichten, um weiterhin wettbewerbsfähig zu bleiben. Die betroffenen IT-Organisationen sind in diesem Zusammenhang gefordert, proaktiv im Innovationsprozess mitzuwirken und die Veränderungen in Hinblick auf die erforderliche IT-Unterstützung zu begleiten oder gar voranzutreiben. Derzeit werden die meisten IT-Organisationen dieser Rolle jedoch noch nicht vollständig gerecht, da sie oftmals als reaktive Dienstleister weder über die Strukturen, noch über die Prozesse oder Fähigkeiten verfügen, (Geschäfts-)Innovationen systematisch zu entwickeln. Zudem werden IT-Organisationen häufig als bürokratisch, wenig flexibel und nicht auf Augenhöhe mit den Fachabteilungen wahrgenommen. Beispielsweise werden kurzfristige Änderungen an Informationssystemen, die von den Fachabteilungen gewünscht werden, aus deren Sicht nicht schnell genug umgesetzt, wenn sich die IT-Organisation auf bestimmte Zeitfenster für Änderungen festlegt. Im Rahmen der Digitalen Transformation ist die schnelle Modifikationsfähigkeit von Informationssystemen jedoch von großer Wichtigkeit. An dieser Stelle stellt sich die Frage, wieso die Unternehmens-IT in vielen Fällen offensichtlich nicht optimal für die Herausforderungen der Digitalen Transformation aufgestellt zu sein scheint. Zur Beantwortung dieser Frage möchten wir einen Überblick über die wesentlichen Entwicklungsschritte der Unternehmens-IT geben. Das Verständnis dieser Historie soll dabei helfen, die notwendigen Veränderungen der Digitalen Transformation richtig einordnen zu können.

© Springer-Verlag Berlin Heidelberg 2016
N. Urbach und F. Ahlemann, *IT-Management im Zeitalter der Digitalisierung*,
DOI 10.1007/978-3-662-52832-7_2

Die Unternehmens-IT von den 1950er-Jahren bis heute

Die Unternehmens-IT hat seit ihrem Beginn einige Entwicklungen durchlaufen. Ihre Schwerpunkte lagen im Wesentlichen zunächst im Betrieb von Großrechnern, anschließend im Management des zunehmend vernetzten Personal Computing und schließlich im industrialisierten IT-Management.

Als erste Epoche der Unternehmens-IT kann die der Großrechner angesehen werden. Ausgerechnet der frühe IBM-Vorsitzende Thomas Watson soll noch im Jahr 1943 die populäre Fehlprognose abgegeben haben, *„dass es einen Weltmarkt für vielleicht fünf Computer gibt".*[1] Hintergrund war, dass die ersten Rechnergenerationen noch Röhrenrechner waren, mit einem massiven Stromverbrauch und einer latenten Störanfälligkeit. Etwa Mitte der 1950er-Jahre hielten dann mit der Erfindung des Transistors erste Großrechner Einzug in das organisationale Umfeld – zunächst hauptsächlich in Forschungseinrichtungen und im militärischen Kontext, anschließend dann auch in den Unternehmen. Diese Rechner waren physisch nicht mit den modernen Großrechnergenerationen der heutigen Zeit vergleichbar. Die ersten Generationen nahmen ganze Räume ein, die klimatisiert werden mussten, um der Wärmeentwicklung der Geräte entgegenzuwirken. Der Betrieb der Maschinen war verhältnismäßig kompliziert und aufwendig. Neben Softwareentwicklern, welche wie heute die Programme entwarfen, waren sogenannte Operatoren ausschließlich mit der Bedienung der Rechenanlage beschäftigt. Die Eingabedaten der ersten Großrechner konnten nur über Lochkarten zugeführt werden, welche durch ein spezifisches Lesegerät eingelesen werden mussten, um die Daten auf ein Magnetband speichern zu können. Der eigentliche Großrechner arbeitete dann das Magnetband ab und speicherte die Ausgabe auf einem anderen Magnetband. Die Rechenergebnisse wurden schließlich durch einen Drucker vom Magnetband auf Papier übertragen.[2] Der wesentliche Fokus der damaligen Rechner lag vor allem auf der Nutzung ihrer für damalige Verhältnisse ausgesprochen hohen Rechenkapazität; sie konnten schlicht schneller rechnen als der Mensch. Im Vergleich zu heutigen Computern war das Einsatzgebiet jedoch sehr eingeschränkt. Die Großrechner führten ihre Rechenaufgaben im Wesentlichen nur für sehr gut strukturierte Probleme mit vergleichsweise

---

[1]Manhart K (2015) Die schlimmsten IT-Fehler: Die zehn größten IT-Irrtümer und -Fehlprognosen, Tecchannel.de, 22. Dezember 2015. http://www.tecchannel.de/server/hardware/466465/it_irrtuemer_fehlprognosen_fehlentscheidungen_manager_fehler_computer/. Zugegriffen: 30. Apr. 2016.

[2]Wikipedia (2015a) Großrechner. https://de.wikipedia.org/wiki/Großrechner. Zugegriffen: 30. Apr. 2016.

einfachen Algorithmen durch. Nichtsdestotrotz konnten die Rechner relativ früh für das Material Requirements Planning (MRP) und später Enterprise Resource Planning (ERP) eingesetzt werden. Die Aufgaben des IT-Managements lagen damals entsprechend schwerpunktmäßig im Betrieb und Aufrechterhalten der Großrechner. Zunehmend kamen aber auch erste Projektmanagementaufgaben in der Anwendungsentwicklung hinzu. Mitte der 1960er Jahre trat das Phänomen der Softwarekrise auf – erstmals überstiegen die Kosten für Software die Kosten für Hardware. In der Folge kam es zu den ersten großen gescheiterten Software-Projekten, auf die mit der Etablierung des Software Engineering reagiert wurde.[3] Trotz hoher Ausgaben gab es für die Unternehmens-IT in der Regel wenig Rechtfertigungsdruck, denn die Wettbewerbsvorteile für Unternehmen mit hoher IT-Durchdringung waren weitgehend unbestritten.

Mit dem Aufkommen der ersten Personal Computer (PC) in den 1970er Jahren begann die zweite Epoche der Unternehmens-IT. Wesentlicher Treiber der Veränderungen waren die Markteinführungen des Mikroprozessors und der Halbleiterspeicher. Dadurch konnte die Größe von Rechnern so stark reduziert werden, dass sie problemlos am oder in der Nähe eines Büroarbeitsplatzes aufgestellt und so Mitarbeitern „persönlich" zugewiesen werden konnten.[4] Aus der Perspektive der Großrechner-Epoche kam diese Entwicklung einer Revolution gleich, wenngleich die Idee, dass ein Computer auch einen Platz in privaten Haushalten finden sollte, zunächst noch als absurd abgetan wurde. Selbst im Jahr 1977 machte Ken Olson, Gründer der renommierten Computerfirma DEC, noch mit dem bemerkenswerten Zitat *„Es gibt keinen Grund, warum irgendjemand einen Computer in seinem Haus wollen würd"* auf sich aufmerksam (siehe Fußnote 1). Schließlich fand der PC mit dem Apple I (Markteintritt 1976), Apple II (1977), Commodore PET (1977) und dem IBM-PC (1981) dann aber doch sowohl im professionellen als auch privaten Kontext recht schnell Verbreitung. Eine zentrale Weiterentwicklung des PC im Vergleich zum Großrechner war, dass der „Arbeitsplatzrechner" mit vergleichsweise einfacher Bedienung auch für den (trainierten) Laien nutzbar war. In der Folge wurden unter anderem durch den Einsatz von Textverarbeitungs- und Tabellenkalkulationsprogrammen vor allem Büroaufgaben automatisiert. Des Weiteren wurde dank zunehmender Vernetzung und der Einführung der E-Mail sowie verschiedener Kollaborationswerkzeuge die Gruppenkommunikation deutlich

---

[3]Naur P, Randell B (1968) Software engineering: report of a conference sponsored by the NATO Science Committee, Garmisch, Germany, 7. bis 11. Oktober 1968. http://homepages.cs.ncl.ac.uk/brian.randell/NATO/nato1968.pdf. Zugegriffen: 30. Apr. 2016.

[4]Wikipedia (2015b) Personal computer. https://de.wikipedia.org/wiki/Personal_Computer. Zugegriffen: 30. Apr. 2016.

erleichtert. Allerdings kamen auch die neuen Lösungen schnell an ihre Grenzen. Die Rechenleistungen der damaligen PCs waren in keiner Weise mit den heutigen Rechnergenerationen (nicht mal mit modernen Smartphones) zu vergleichen. Die Computer wurden zwar zunehmend miteinander vernetzt, meist jedoch zunächst nur in lokalen Netzen. Generell kann die damalige Technologie aus heutiger Sicht als recht unreif angesehen werden, vor allem hinsichtlich ihrer Leistungsfähigkeit und Stabilität. Des Weiteren war vor allem zu Beginn des PC-Zeitalters die Verfügbarkeit von Anwendungssystemen sehr eingeschränkt. Insgesamt kann das Management der damaligen Technologie als schwierig angesehen werden. Für das IT-Management bedeutete die neue Epoche neben dem Rechenzentrumsbetrieb auch das Management der Arbeitsplatzrechner, was insbesondere hinsichtlich der Stabilität und Zuverlässigkeit der eingesetzten Systeme eine Herausforderung war. Auch wurde die Anwendungsentwicklung immer komplexer und aufwendiger, was eine zunehmende Professionalisierung des Projektmanagements erforderte. Durch die Verlagerung der Rechner an den Arbeitsplatz hat das IT-Management zunehmend Aufgaben des Informationsmanagements übernommen. Auch in dieser Phase war die Wichtigkeit der IT-Organisation innerhalb der Unternehmen weitgehend unbestritten, da eine gut funktionierende IT-Ausstattung am Arbeitsplatz zu Produktivitätssteigerung der Mitarbeiter sowie zur Attraktivität des Arbeitsplatzes beitrug – wenngleich die Kundenorientierung der IT-Mitarbeiter in vielen Fällen durchaus als verbesserungswürdig angesehen wurde.

Etwa Mitte der 1990er-Jahre setzte schließlich die dritte Epoche der Unternehmens-IT ein – das Zeitalter der IT-Industrialisierung. Diese Phase kann als Resultat der immer stärkeren Durchdringung der Unternehmen mit Informationstechnologie angesehen werden. Eingesetzte Hardware, Software und auch unternehmensübergreifende Vernetzung wurden im Laufe der Jahre immer günstiger. Die klassischen Großrechner verloren immer weiter an Bedeutung, da zunehmend auf Client-Server-Architekturen und entsprechende Anwendungen gesetzt wurde. Der einfache Arbeitsplatzrechner entwickelte sich immer weiter zum Multimedia-PC und wurde spätestens mit der flächendeckenden Etablierung des Internets zum zentralen Kommunikationsmedium für den Büromitarbeiter. Unter dem Stichwort E-Commerce wurden erste internetbasierte Geschäftsmodelle etabliert, die in zunehmendem Maße zur Bedrohung des stationären Handels wurden. In den Unternehmen führten diese Entwicklungen unter anderem zu einem sprunghaften Anstieg von Anwendungssystemen sowie immer komplexer werdenden Unternehmensarchitekturen. Informationstechnologie entwickelte sich dabei zur unternehmenskritischen Ressource. Gleichzeitig wuchsen aber auch die IT-Budgets – bei immer noch geringer Serviceorientierung der IT-Organisationen. Entsprechend nahmen die Diskussionen zu, ob IT überhaupt noch eine wettbewerbsdifferenzierende Ressource sei oder bereits zur „Commodity" geworden ist, die – ähnlich wie elektrische Energie – zwar geschäftskritisch ist, aber keine Wettbewerbsvorteile mit sich bringt. Ins Rollen gebracht wurden diese Diskussionen vor allem durch den viel beachteten Aufsatz „IT doesn't matter" des US-amerikanischen Autors und Wirtschaftsjournalisten Nicholas G. Carr, welcher im Mai 2003 im Harvard Business Review[5] und kurz darauf in erweiterter Form auch als Buch[6] erschien. Carr vertritt darin die Ansicht, dass der Einsatz von Informationstechnologie bei immer weiter sinkenden Kosten und immer besserer Verfügbarkeit keinen strategischen Vorteil mehr verschafft. Entsprechend empfiehlt er dem Unternehmensmanagement, weniger Geld für IT-Infrastruktur auszugeben und nicht immer die aktuellsten Lösungen einzusetzen. Wie man sich leicht vorstellen kann, lösten Carr's Thesen eine große Kontroverse aus. Natürlich gab es aber auch damals bereits zahlreiche Beispiele von Unternehmen, die sich durch den Einsatz von Informationstechnologie massive Wettbewerbsvorteile verschafft hatten und dadurch sukzessive die etablierten Marktteilnehmer verdrängten – man denke nur an Amazon oder später auch Apple mit iTunes. Nichtsdestotrotz geriet die Unternehmens-IT in dieser Zeit immer stärker in einen Rechtfertigungszwang, welcher schließlich zur Übertragung industrieller Methoden und Prozesse auf die Informationstechnologie führte. Diese IT-Industrialisierung hatte vor allem zum Ziel, die Effektivität und Effizienz der IT-Organisationen zu steigern und sie als serviceorientierten Dienstleister zu positionieren. In diesem Zusammenhang wurde schnell klar, dass das oftmals vorherrschende Paradigma *Plan-Build-Run* die Realität von IT-Organisationen nicht mehr adäquat abbilden konnte. Anstatt umfänglich Systeme zu planen und dann selbst zu implementieren, gingen mehr und mehr Unternehmen dazu über, ihre IT-Wertschöpfungskette zu verkürzen und Teile dieser Kette an externe Partner abzugeben. Entsprechend entwickelten sich viele IT-Organisationen in Richtung eines *Source-Make-Deliver*-Paradigmas[7] weiter (siehe Kap. 4). Für das IT-Management bedeute diese Entwicklung die Notwendigkeit, neue Fähigkeiten zu entwickeln. Die klassischen IT-Aufgaben wie IT-Infrastrukturbetrieb und Anwendungsentwicklung gerieten immer weiter in den Hintergrund. Gefragter sind seitdem ausgeprägte Kompetenzen etwa im IT Service Management, in der Priorisierung von IT-Investitionen im

---

[5]Carr N (2003) IT doesn't matter. Harv Bus Rev 2003(5):5–12.

[6]Carr N (2004) Does IT matter? Information technology and the corrosion of competitive advantage. Harvard Business School Press, Boston.

[7]Zarnekow R, Brenner W, Pilgram U (2005) Integriertes Informationsmanagement – Strategien und Lösungen für das Management von IT-Dienstleistungen. Springer, Heidelberg.

Rahmen eines Portfoliomanagements, im Management von IT-Architekturen, im Anforderungsmanagement sowie in der Anbindung von Kunden, Lieferanten und Partnern. In vielen Fällen hat die IT-Industrialisierung zu den gewünschten Effekten geführt – gleichzeitig aber auch mit der Folge, dass in einigen Unternehmen die IT-Organisationen nun „weit weg" vom Business agieren, sodass ein intaktes Business-IT-Alignment zur kontinuierlichen Herausforderung geworden ist. Jetzt, wo sich mit dem Trend zur Digitalisierung die Erkenntnis durchsetzt, dass Carr mit seinen Thesen vermutlich doch nicht richtig lag und IT – richtig eingesetzt – tatsächlich großes Potenzial für das Business hat (siehe Kap. 1), scheint die Unternehmens-IT für die neuen Herausforderungen vielfach nicht mehr optimal aufgestellt zu sein.

Aktuelle Herausforderungen durch die Digitale Transformation

Mit der Digitalen Transformation und der damit spürbar gestiegenen Bedeutung von Informationstechnologie für die Unternehmen haben sich die Anforderungen an die Unternehmens-IT verändert. Informationstechnologie wird nicht mehr „nur" als unternehmenskritische Ressource verstanden, weil ein Großteil der Geschäftsprozesse davon abhängt, sondern in zunehmendem Maße auch als zentraler Bestandteil neuer Produkte, Dienstleistungen und sogar vollständiger Geschäftsmodelle. Damit wird die Geschäftstätigkeit durch den Einsatz von IT nicht nur effizienter, sondern ist ohne IT überhaupt nicht mehr denkbar. Haben sich viele IT-Organisationen bislang darauf konzentriert, die Anforderungen der Fachbereiche möglichst effektiv und effizient in qualitativ hochwertige IT-Services zu übersetzen und diese zu betreiben, sind sie in zunehmenden Maße gefordert, das Gesamtunternehmen aktiv mitzugestalten. Da Informationstechnologien heute und vor allem zukünftig in noch stärkerem Maße dazu verwendet werden, Innovationen für das Business zu realisieren, ergibt sich für IT-Organisationen die Notwendigkeit, proaktiv und frühzeitig mit den Fachbereichen zu kooperieren, um solche Innovationen gemeinsam konzipieren und auf den Weg bringen zu können. Konzepte wie Co-Location, IT-Innovationsmanagement und Facharchitekturmanagement können als Vorboten einer „neuen IT" verstanden werden, die die bloße Rolle des IT-Dienstleisters verlässt und als Berater, Enabler und Innovator tätig wird. Auf der anderen Seite vereinfachen Entwicklungen wie das Cloud Computing oder auch branchenspezifische Prozessstandardisierungen die Auslagerung von Elementen der IT-Wertschöpfungskette. Das Management von IT-Infrastrukturen, die Entwicklung neuer Software sowie der IT-Betrieb können somit vergleichsweise unkompliziert spezialisierten Anbietern überlassen werden, welche notwendige Kompetenzen vorhalten und Skaleneffekte realisieren können. Diese Entwicklungen bewirken einen graduellen Wandel der Rollen und Fähigkeiten von heutigen IT-Organisationen, und es ist zu erwarten, dass sich dies auch in den Strukturen, Prozessen, Methoden und Governance-Mechanismen niederschlagen wird. Um den Anforderungen der Digitalisierung gerecht zu werden, müssen sich die Unternehmens-IT und ihr Management neu aufstellen. Das vermeintliche Paradoxon an dieser Stelle besteht darin, dass sich die IT-Organisation in der gegenwärtigen Aufstellung weitgehend selbst abschaffen würden, nähmen sie die Implikationen der Digitalisierung wirklich ernst. Wir glauben jedoch, dass die Unternehmens-IT gut beraten ist, die erforderliche Weiterentwicklung zeitnah und proaktiv anzugehen. Andernfalls bekommt sie erst gar nicht die Möglichkeit, den Veränderungsprozess aktiv mitzugestalten, sondern spielt in der Digitalisierung keine entscheidende Rolle und wird irgendwann durch externe Dienstleister abgelöst.

Zehn Thesen über die IT-Organisation der Zukunft

Um den aktuellen Herausforderungen der Digitalen Transformation gerecht zu werden, bedarf es deutlicher Veränderungen in organisatorischer, prozessualer, personeller und kultureller Hinsicht. In einigen Unternehmen wird bereits auf die gegenwärtigen und zukünftig erwarteten Veränderungen reagiert. Oftmals ist aber noch sehr unklar, in welche Richtung sich die Unternehmens-IT konkret entwickeln soll. Um Anhaltspunkte für eine zukunftsfähige Positionierung zu geben, möchten wir mit diesem Buch unser Bild der IT-Organisation der Zukunft schildern. Hierzu haben wir zehn Thesen formuliert, die aufzeigen sollen, in welchen Bereichen signifikante Veränderungen zu erwarten sind. Im folgenden Abschnitt möchten wir einen Überblick über diese Thesen geben, bevor jede einzelne These in jeweils einem folgenden Kapiteln detailliert diskutiert wird.

These 1: Kein Business ohne IT – IT ist der zentrale und unverzichtbare Treiber unternehmerischer Wertschöpfung

Informationstechnologie ist bereits heute in den meisten Unternehmen ein wichtiger Produktionsfaktor. Gleichzeitig wird sie jedoch oftmals nicht als strategisch wichtiger Wettbewerbsfaktor angesehen. Wir gehen davon aus, dass sich dies durch die Digitale Transformation massiv verändern wird. IT-Know-how wird überall im Unternehmen notwendig werden. Der Einsatz von IT bezieht sich nicht mehr nur auf die Geschäftsprozesse, sondern zunehmend mehr auch auf die angebotenen Produkte und Dienstleistungen. Daher wird IT zur überlebenswichtigen Ressource; der (in der Regel theoretische) Zeitraum vom Systemausfall bis zur Insolvenz der Unternehmen wird sich radikal verkürzen. IT wird deutlich umfassender, vernetzter, autonomer und vor allem kreativer eingesetzt werden. Bestehende Geschäftsmodelle sind für erfolgreiche Unternehmen der Zukunft oftmals nur noch ein Ausgangspunkt für die weitere Geschäftsentwicklung. Entsprechend werden IT-Lösungen zukünftig noch schneller benötigt. Je schneller sie spezifiziert, umgesetzt und in Betrieb genommen werden, desto besser gelingt es den Unternehmen, Märkte zu erobern und Wettbewerbspositionen zu sichern. Als Konsequenz dieser Entwicklung wird sich das heutige Business-IT-Alignment zu einer Verschmelzung von Business und IT weiterentwickeln.

These 2: Entwicklung und Betrieb nicht entscheidend – Das IT-Management folgt dem Paradigma „Innovate-Design-Transform"
Die klassische Unternehmens-IT ist in der Regel durch das verhältnismäßig statische Paradigma *Plan-Build-Run* geprägt, welches die Abläufe und Prozesse innerhalb der IT-Organisation strukturiert und am Ziel der Effizienzsteigerung ausrichtet. Feste Strukturen in der IT erlauben effiziente Arbeitsabläufe und fördern die Automatisierung, stoßen aber bei einer Forcierung der Innovationstätigkeit an ihre Grenzen. Genau diese Innovationstätigkeit, die zu neuen oder veränderten IT-basierten Geschäfts- und Wertschöpfungsmodellen führt, ist jedoch eine wesentliche Aufgabe der Digitalen Transformation. Wir schlagen daher das neue Paradigma *Innovate-Design-Transform* vor, mit dem IT-Organisationen zum Innovationstreiber in ihren Unternehmen werden können. Im Kern steht dabei eine Fokussierung auf die Innovationsfähigkeit durch höhere Agilität und Flexibilität, der kundenorientierten Gestaltungsfähigkeit von IT-Lösungen für spezifische Einsatzzwecke sowie der Transformationsfähigkeit zum Treiben und Umsetzen der aus der Digitalisierung resultierenden Veränderungen. Durch den vorgeschlagenen Paradigmenwechsel geraten die klassischen IT-Aufgaben wie die Entwicklung und der Betrieb von Anwendungssystem noch weiter in den Hintergrund und werden durch neue Fähigkeiten ergänzt.

These 3: „Schatten-IT" als gelebte Praxis – IT-Innovationen werden in interdisziplinären Teams in den Fachabteilungen erarbeitet
Viele IT-Projekte werden in der heutigen Zeit durch die Fachbereiche der Unternehmen initiiert und reaktiv durch die IT-Organisationen umgesetzt. Aufgrund verhältnismäßig langsamer Abstimmungs- und Umsetzungsprozesse sowie langer Entwicklungszyklen sind die resultierenden IT-Lösungen oftmals wenig innovativ und haben selten disruptiven Charakter. Die Unternehmens-IT wird eher als träger

Dienstleister denn als kreativer Innovator wahrgenommen. Durch den gestiegenen Veränderungsdruck der Digitalen Transformation sowie die immer komfortableren Sourcing-Möglichkeiten des Cloud Computing werden die Fachbereiche in zunehmendem Maße im Hinblick auf IT-Lösungen selbstständig und ohne Einbindung der Unternehmens-IT aktiv. Als Resultat dieses losgelösten Verhaltens entsteht das Phänomen der sogenannten „Individuellen Datenverarbeitung" oder auch „Schatten-IT", welches vor allem hinsichtlich Compliance-, Security- und Architekturanforderungen als problematisch angesehen wird. In diesem Zusammenhang stellen wir uns die Frage, ob diese organisatorische Trennung von IT und Business vor dem Hintergrund der Digitalisierung überhaupt zeitgemäß ist. Wir kommen dabei zum Schluss, dass IT-Innovationen idealerweise dort entstehen sollten, wo sie später auch zum Einsatz kommen werden – nämlich in den Fachabteilungen. Hierzu sollten Experten aus allen relevanten Bereichen beteiligt sein und zusammenarbeiten. Dadurch wird die „offizielle Schatten-IT" zur gelebten Praxis.

These 4: Innovationen durch Netzwerke – Aus strategischen Lieferanten werden Innovationspartner
Bereits seit mehr als 25 Jahren setzen Unternehmen auf klassisches IT Outsourcing in der Regel mit Fokus auf Kostensenkungen oder Qualitätssteigerungen. Als verhältnismäßig neuartige Sourcing-Option hat sich in den letzten Jahren zudem das Cloud Sourcing etabliert, welches der Vision der „IT aus der Steckdose" sehr nahe kommt. Die zentrale Idee des Fremdbezugs von IT-Leistung liegt traditionell darin, nicht strategische Teile der Unternehmens-IT auszulagern, um sich verstärkt auf wettbewerbsdifferenzierende Aktivitäten fokussieren zu können. Wir gehen davon aus, dass sich der Trend zur Auslagerung der „Commodity IT" weiter verstärken wird (siehe These 6). Gleichzeitig gehen wir davon aus, dass ausgewählte strategische Lieferanten zu Innovationspartnern werden, um als zentrale Impulsgeber die Unternehmen voranzubringen. Nur sehr wenige Unternehmen aus klassischen (Nicht-IT)Branchen werden mittelfristig über das technologisch notwendige Know-how verfügen, um ihre IT-Innovationen, die für den nachhaltigen Erfolg in der digitalen Welt erforderlich sein werden, allein auf den Weg bringen zu können. Entsprechend werden Technologiepartner auf Augenhöhe erforderlich sein, die gemeinsam mit den beauftragenden Unternehmen Innovationen entwickeln. Die Kompetenzlücken füllenden Partner werden dabei immer öfter am Geschäftserfolg der entwickelten Innovationen partizipieren.

These 5: Den User im Blick – Entwicklungsprozesse sind agil, endbenutzer-zentriert und mit dem Betrieb verschmolzen

In vielen Unternehmen werden Softwareentwicklungsprozesse üblicherweise nach dem Wasserfallmodell organisiert. Entsprechend erfolgen die verschiedenen Entwicklungsphasen sequenziell von der Anforderungsaufnahme, über die fachliche und technische Konzeption, die Implementierung und den Test bis zum Go-Live – meist mit minimalen Rückkopplungsmöglichkeiten zwischen den Phasen. Der Fokus der Entwicklungsaktivitäten ist dabei sehr stark technologie-, produkt- und funktionsorientiert; Benutzerbedürfnisse und -akzeptanz werden bislang nur eingeschränkt berücksichtigt. Für die Anforderungen der digitalen Welt ist dieses Vorgehen nur eingeschränkt geeignet. Würden die tradierten Softwareentwicklungsprozesse aus dem Unternehmenskontext auf die Entwicklung einer modernen App im Konsumentenkontext angewendet, so gäbe es nur es nur alle paar Monate oder gar Jahre ein Update. Entsprechend wäre die App nicht erfolgreich auf dem Markt, da die Nutzer heute kontinuierliche, im Hintergrund ablaufende Updates – und damit stets zeitgemäße Applikationen – gewohnt sind. Für die Zukunft sehen wir daher eine deutlich stärkere Verbreitung von agilen Vorgehensweisen, insbesondere für die Entwicklung der sogenannten „Lightweight-IT", also der Frontend-dominierten und Endkunden-orientierten Systeme. Eine Hauptidee der agilen Ansätze besteht darin, dass ein erstes Deployment von zunächst rudimentären Lösungen sehr frühzeitig erfolgt und diese dann iterativ unter Einbezug des User-Feedbacks weiterentwickelt werden. Generell wird der Benutzer viel stärker in den Vordergrund der Entwicklungsaktivitäten gestellt werden. Nicht zuletzt werden Softwareentwicklung und -betrieb immer weiter verschmelzen.

These 6: Handelsware Infrastruktur – IT-Infrastrukturleistungen werden auf freien Märkten gehandelt und nach Bedarf eingekauft

Trotz des bereits seit einigen Jahren etablierten Konzepts des IT-Outsourcings für den Fremdbezug von IT-Leistungen findet der klassische IT-Betrieb bei einer Vielzahl der Unternehmen immer noch zu großen Teilen mit eigener Hardware im internen Rechenzentrum statt – oftmals durch Unterstützung Dritter. Unternehmen, die bereits Cloud Computing nutzen, setzen bislang meist lediglich auf die interne „Private Cloud". Die Zurückhaltung beim Fremdbezug von IT-Leistungen beruht dabei unter anderem auf (historischen) Annahmen hinsichtlich der Leistungsfähigkeit von Weitverkehrsnetzen, der Notwendigkeit von unternehmensindividuellen Lösungen sowie der Anforderungen an Datenschutz, Datensicherheit und Stabilität, die unserer Meinung nach nicht mehr oder nur noch eingeschränkt gelten. Entsprechend erwarten wir für die Zukunft einen nahezu vollständigen

Fremdbezug von IT-Infrastrukturleistungen. Die Beschaffung dieser Leistungen könnte über börsenähnliche Märkte erfolgen, auf denen sich abhängig von Angebot und Nachfrage tagesaktuelle Kurse für standardisierte Infrastrukturleistungen bilden. Dazu sind diese sowohl technisch als auch fachlich zu standardisieren und von den spezifischen Applikationen zu entkoppeln. So könnten IT-Infrastrukturleistungen zukünftig einfach und dynamisch eingekauft und konsumiert werden.

These 7: Digitalisierung als Risiko – Security und Business Continuity Management sind zentrale Querschnittsfunktionen des Unternehmens

Mit zunehmender Durchdringung von Informationstechnologie sind die Unternehmen der digitalen Welt immer stärker abhängig von der Verfügbarkeit ihrer IT-Systeme. Gleichzeitig führt die leichte Zugänglichkeit von Systemen über das Internet zu einer besonderen Verwundbarkeit. Je nach Branche und Geschäftsmodell (etwa Banken oder Börsen) kann ein vollständig ausgefallenes System bereits heute das Aus für das betroffene Unternehmen bedeuten. Des Weiteren wird IT mit dem Einzug in digitale Produkte und Dienstleistungen auch in zunehmendem Maße das körperliche Wohlergehen von Individuen beeinflussen – man denke etwa an das selbstfahrende Automobil, Roboter im Pflegebereich oder autonome Steuerungssysteme von Kraftwerken. Beim Blick in die Unternehmen haben wir jedoch das Gefühl, dass IT-Risiken von vielen Unternehmen gegenwärtig noch unterschätzt und oftmals entsprechend nicht vollständig beherrscht werden. Ein wesentlicher Grund hierfür ist sicherlich, dass IT-Sicherheitsprobleme derzeit meist noch eine geringe Tragweite haben. Mit zunehmender Kritikalität sehen wir aber ein effektives IT-Sicherheits- und Business Continuity Management als zentrale Kompetenzen für die nachhaltige Geschäftstätigkeit, welche als Querschnittsfunktionen eines Unternehmens organisiert werden könnten. Die Entwicklung von Sicherheitskompetenzen wird damit zu einer wesentlichen Aufgabe des Digital Business.

These 8: Transformierbare IT-Landschaften – IT-Architekturen sind standardisiert, modular, flexibel, ubiquitär, elastisch, kostengünstig und sicher

Bereits seit einigen Jahren sind die historisch gewachsenen IT-Infrastruktur- und -Anwendungslandschaften eine große Herausforderung für das IT-Management. Der in vielen Unternehmen vorherrschende „Wildwuchs" führt nicht selten zu einem Verlust an Transparenz, erhöhten Risiken und Kosten, zur Ablenkung von Problemen des Kerngeschäfts sowie zur Unfähigkeit der flexiblen Implementierung neuer Geschäftsstrategien. Durch Standardisierungsbemühungen, fortgeschrittene Architekturkonzepte (wie serviceorientierte Architekturen und Virtualisierung) sowie das Enterprise Architecture Management (EAM) können einige Unternehmen diesen Herausforderungen bereits entgegensteuern. Oftmals werden die Probleme aber kaum gelöst, sodass die IT-Architekturen vieler Unternehmen aus unserer Sicht für agile Digitalisierungsvorhaben ungeeignet sind. Die neuen Anforderungen der Digitalen Transformation erfordern viel einfacher transformierbare IT-Landschaften. Die Standardisierung von IT-Architekturen wird daher weitergehen und sich – mit Ausnahme von wettbewerbsdifferenzierenden Bereichen – auch auf Applikationen und Geschäftsprozesse ausweiten. Gleichzeitig werden Modularisierungsansätze und flexible Schnittstellentechnologien noch weiter Verbreitung finden. Insbesondere IT-Infrastrukturen werden durch Rückgriff auf Cloud-Technologien an Elastizität gewinnen. Kosteneffizienz und Sicherheit sind notwendige Vorbedingungen für die wettbewerbsfähige Nutzung von IT.

These 9: Das Aus für die IT-Abteilung – IT-Experten werden Teil der Fachabteilungen und durch ein dediziertes Vorstandsressort koordiniert
Geprägt durch die Epoche der IT-Industrialisierung ist die Unternehmens-IT zwar meist als effektiver und effizienter Dienstleister aufgestellt, der aber oftmals als „weit weg" vom Business und wenig innovativ wahrgenommen sowie selten als Business-Partner auf Augenhöhe angesehen wird. Dem Paradigma *Plan-Build-Run* folgend, gliedert sich das Aufgabenspektrum der IT-Organisationen in drei wesentliche Phasen. Dazu gehören die Aufnahme von Kundenanforderungen und die Planung der IT-Leistungserbringung, die Projektinitiierung und -durchführung sowie schließlich die Leistungserbringung. Mit unseren vorherigen Thesen haben wir bereits herausgestellt, dass die Demand- und innovationsorientierten Tätigkeiten in interdisziplinären Teams besser direkt in den Fachbereichen aufgehoben sind (siehe These 3), Entwicklung und Betrieb weniger entscheidend werden, weil sie durch spezialisierte Anbieter aus verschiedenen Gründen besser erbracht werden können (siehe These 4) sowie IT-Infrastruktur zukünftig weitgehend aus der Cloud bezogen wird (siehe These 6). Die zentrale Frage an dieser Stelle ist nun, ob eine klassische IT-Organisation dann überhaupt noch sinnvoll ist. Aus unserer Sicht lautet die Antwort: Nein. Die verbleibenden Tätigkeiten der Unternehmens-IT sind vor allem die langfristige Planung der IT-Architektur (Architekturmanagement), Steuerung und Überwachung (Innovations-, Projektportfolio- und Lieferantenmanagement und das Service-Monitoring) sowie Koordinationsaufgaben hinsichtlich der dezentralen und zentralen IT-bezogenen Aufgaben (IT-Governance, Standardisierung). Wir sind der Meinung, dass diese Aufgabenfelder besser für eine zentrale Funktion geeignet sind, die – vor dem Hintergrund der immer weiter steigenden Bedeutsamkeit von Informationstechnologie für das Business – in Vorstandsnähe verankert sein sollte.

**These 10: Demografie, Digital Natives und individuelles Unternehmertum –
Mitarbeiter werden zum strategischen Wettbewerbsfaktor**
Als ein wesentlicher Faktor für den Erfolg aktueller und zukünftiger Digitalisierungsinitiativen wird der Zugang zu gut ausgebildeten Humanressourcen angesehen. Zur Bewältigung der neuen Herausforderungen, welche die Unternehmen in der Digitalen Transformation erwarten, werden spezifische Qualifikationen und Fähigkeiten benötigt. Aufgrund der gegenwärtigen demografischen Entwicklung und sich ändernder persönlicher Ansprüche, insbesondere jüngerer Arbeitnehmer, wird es für die Unternehmen jedoch immer schwieriger, die geeigneten Mitarbeiter zu finden und an das Unternehmen zu binden. Für die IT-bezogenen Aufgaben der Digitalisierung ist diese Herausforderung besonders groß, da (vor allem in Deutschland) viel zu wenig junge Menschen in technischen Berufen ausgebildet werden. Hinzu kommt, dass das Wertesystem nachrückender Mitarbeiter im Vergleich zu früheren Arbeitnehmergenerationen sehr viel stärker durch den Wunsch nach Individualität und Selbstbestimmung geprägt ist. Diese Entwicklungen haben massive Auswirkungen auf die Gewinnung und das Halten guter IT-Mitarbeiter, auf die mit einem dedizierten HR-Management, einer attraktiven Unternehmenskultur sowie einem diesbezüglich zukunftsorientierten Business Development reagiert werden sollte.

In den folgenden Kapiteln werden diese Thesen genauer vorgestellt und umfassend diskutiert. Es wird insbesondere erläutert, wie es zu diesen Veränderungen kommt und warum sie aus unserer Sicht unumgänglich sind.

Überblick: Die Entwicklung der Unternehmens-IT

- IT-Organisationen sind in der Digitalen Transformation gefordert, proaktiv im Innovationsprozess mitzuwirken und die erforderlichen Veränderungen zu begleiten oder gar zu treiben.
- Derzeit werden die meisten IT-Organisationen dieser Rolle jedoch noch nicht gerecht, da sie als reaktive Dienstleister weder über die Strukturen, noch über die erforderlichen Prozesse oder Fähigkeiten verfügen.
- Die historische Betrachtung der Unternehmens-IT erklärt, wie es hierzu kommen konnte.
- Die Schwerpunkte der Unternehmens-IT lagen zunächst im Betrieb von Großrechnern, anschließend im Management des zunehmend vernetzten Personal Computing und schließlich im industrialisierten IT-Management.

- Eine zeitnahe und proaktive Weiterentwicklung der eigenen Funktion ist erforderlich, um eine entscheidende Rolle in der Digitalen Transformation zu spielen.
- Dafür bedarf es organisatorischer, prozessualer, personeller und kultureller Veränderungen, die wir anhand von zehn Thesen über die IT-Organisation der Zukunft schildern.

Literatur

Carr N (2003) IT doesn't matter. Harv Bus Rev 2003(5):5–12

Carr N (2004) Does IT matter? Information technology and the corrosion of competitive advantage. Harvard Business School Press, Boston

Manhart K (2015) Die schlimmsten IT-Fehler: Die zehn größten IT-Irrtümer und -Fehlprognosen, Tecchannel.de, 22. Dezember 2015. http://www.tecchannel.de/server/hardware/466465/it_irrtuemer_fehlprognosen_fehlentscheidungen_manager_fehler_computer/. Zugegriffen: 30. Apr. 2016

Naur P, Randell B (1968) Software engineering: report of a conference sponsored by the NATO Science Committee, Garmisch, Germany, 7. bis 11. Oktober 1968. http://homepages.cs.ncl.ac.uk/brian.randell/NATO/nato1968.pdf. Zugegriffen: 30. Apr. 2016

Wikipedia (2015a) Großrechner. https://de.wikipedia.org/wiki/Großrechner. Zugegriffen: 30. Apr. 2016

Wikipedia (2015b) Personal computer. https://de.wikipedia.org/wiki/Personal_Computer. Zugegriffen: 30. Apr. 2016

Zarnekow R, Brenner W, Pilgram U (2005) Integriertes Informationsmanagement – Strategien und Lösungen für das Management von IT-Dienstleistungen. Springer, Heidelberg

Kein Business ohne IT – IT ist der zentrale und unverzichtbare Treiber unternehmerischer Wertschöpfung

Informationstechnologie ist bereits heute ein wichtiger Produktionsfaktor in den meisten Unternehmen. In einigen Branchen hat sie auch den Status einer strategischen Ressource, ohne die eine Geschäftstätigkeit undenkbar geworden ist. Beispiele sind Banken und Versicherungen. Was ist also neu? Um die Bedeutung der IT für die Zukunft zu verstehen, ist es wichtig zu begreifen, wie heutige Informationstechnologie wertschöpfende und unterstützende Prozesse in Unternehmen radikal zu transformieren vermag. Wir gehen davon aus, dass durch die Digitale Transformation IT-Know-how überall im Unternehmen notwendig werden wird. Der Einsatz von IT wird sich nicht mehr nur auf die Geschäftsprozesse, sondern zunehmend mehr auch auf die angebotenen Produkte und Dienstleistungen beziehen. Daher wird IT zur überlebenswichtigen Ressource. IT wird deutlich umfassender, vernetzter, autonomer und vor allem kreativer eingesetzt werden. Bestehende Geschäftsmodelle sind für erfolgreiche Unternehmen der Zukunft oftmals nur noch ein Ausgangspunkt für die weitere Geschäftsentwicklung. Entsprechend werden IT-Lösungen zukünftig noch schneller benötigt. Je schneller sie spezifiziert, umgesetzt und in Betrieb genommen werden, desto besser gelingt es den Unternehmen, Märkte zu erobern und Wettbewerbspositionen zu sichern.

Der Einfluss der Informationstechnologie bis heute

Heute wird Informationstechnologie im Wesentlichen zur Unterstützung von Geschäftsprozessen und zur Lösung von gut- oder semi-strukturierten Entscheidungsproblemen herangezogen. Dadurch werden etablierte Geschäftsprozesse sowohl effizienter als auch effektiver. Die Effizienz wird beispielsweise durch die Automatisierung oder den Wegfall von Prozessschritten, die schnelle

© Springer-Verlag Berlin Heidelberg 2016
N. Urbach und F. Ahlemann, *IT-Management im Zeitalter der Digitalisierung*,
DOI 10.1007/978-3-662-52832-7_3

Übermittlung von Informationen oder auch den Abbau von Medienbrüchen gesteigert. Effektivitätsgewinne lassen sich durch fortgeschrittene, computerbasierte Entscheidungsmodelle, automatisiertes Reporting oder auch anspruchsvolle Datenanalysen realisieren. Die Grundlage für diese Fortschritte haben leistungsfähige Client-Server-Systeme gelegt, die – heute meist zu Web-Anwendungen weiterentwickelt – oft noch immer im Einsatz sind.

Hinzu kommen Nutzeffekte, die aus der Anbindung von Kunden, Lieferanten und Geschäftspartnern resultieren. Die Grundlage hierfür bilden kostengünstige Weitverkehrsnetze – in den meisten Fällen das Internet. Protokolle und Sprachen wie TCP/IP, HTTP oder XML machen es so einfach wie nie zuvor, Systeme über Organisationsgrenzen hinweg zu integrieren und so zu einer engen Verzahnung von Unternehmen entlang von Supply Chains zu gelangen. Dieser Trend wird durch den zunehmenden Einsatz von mobilen Endgeräten weiter befördert. Die aus diesen Entwicklungen resultierenden Veränderungen sind bereits sehr weitreichend. So können bereits jetzt Intermediäre umgangen werden, sodass ganze Geschäftsmodelle obsolet werden. Eindrücklich beobachten kann man dies in Hinblick auf den Einzel- und Großhandel, der in vielen Branchen gänzlich zum Erliegen gekommen ist oder aber dessen Geschäftsvolumen über lange Zeiträume hinweg kontinuierlich gesunken sind. Bekannte Beispiele sind der stationäre Buchhandel oder das Geschäft mit Medien wie CDs oder DVDs. Jeder kennt in diesem Zusammenhang die disruptive und transformatorische Wirkung von digitalen Unternehmen wie Amazon, eBay, Apple oder Google, die neue Geschäftsmodelle begründet oder tradierte Geschäftsmodelle obsolet gemacht haben.[1] Die bevorstehenden Veränderungen, die sich aus der Digitalen Transformation ergeben, werden jedoch in vielen Branchen und Unternehmensbereichen noch sehr viel weitreichender sein.

Aktuelle Technologie-Trends und ihr Einfluss auf das Business

Wie in Kap. 1 dieses Buches skizziert, erleben wir derzeit, dass eine Reihe sehr mächtiger Technologien beziehungsweise technologischer Konzepte zur Reife gelangen und mehr und mehr im geschäftlichen Kontext zum Einsatz kommen. Dazu gehören beispielsweise Big Data, Cloud Computing, Social Media oder das Internet der Dinge. Diese Technologien haben das Potenzial, das wirtschaftliche

---

[1]Bower JL, Christensen CM (1995) Disruptive technologies. Catching the wave. Harv Bus Rev 69:19–45.

Handeln von Unternehmen auf eine Art zu durchdringen, wie es heute kaum vorstellbar ist. Dabei sind es weniger die Konzepte an sich, sondern die grundlegenden Charakteristika der technologischen Rahmenbedingungen, die eine disruptive Wirkung entfalten. Wir müssen damit rechnen, dass auch in den nächsten Jahren immer wieder neue bahnbrechende, technologische Innovationen die Digitalisierung befeuern werden. Den heutigen und zukünftigen technologischen Entwicklungen sind jedoch fundamentale Eigenschaften gemeinsam, nämlich die praktische Grenzenlosigkeit der Informations- und zunehmend auch Wissensverarbeitung.

Erstens beobachten wir eine *grenzenlose Generierung von Informationen*. Dadurch, dass zukünftig praktisch alle Lebensbereiche digital durchdrungen und computergestützte Geräte in steigendem Maße mit Sensoren ausgestattet sind, ergibt sich eine praktisch grenzenlose Möglichkeit, die reale Welt digital (oder virtuell) zu erfassen („Internet of Things").[2] Kameras, Bewegungssensoren, Sensoren zur Messung von Vitalfunktionen, Ortungssysteme, Temperaturfühler sowie die vielfältigen Sensoren, die in Produktionsanlagen verbaut werden, sind nur einige Beispiele für bereits zur Verfügung stehende, technologische Möglichkeiten. In einigen Gerätegattungen wächst die Anzahl der Sensoren seit geraumer Zeit geradezu exponentiell, beispielsweise in Turbinen und Kraftwerken, Automobilen oder Ölplattformen. Beispielsweise sendet das Triebwerk des Airbus A380 automatisch Statusinformationen an den Hersteller Rolls-Royce – weltweit und unabhängig von der übrigen Bordelektronik des Flugzeugs.[3] Darüber hinaus sind viele Geräte vernetzt, sodass der Abruf der Informationen leicht realisiert werden kann. Selbst Kleidung und Alltagsgegenstände werden zunehmend mit Sensoren ausgestattet, beispielsweise um sportliche Aktivitäten zu unterstützen oder auch den Unterhaltungswert zu steigern. Derzeit ist nicht abzusehen, dass sich dieser Trend verlangsamen wird. Im Gegenteil rechnen wir für die nächsten Jahre mit einem noch stärkeren Anstieg der Nutzung von Sensoren jeder Art.

Zweitens können wir bereits heute für viele Anwendungsdomänen eine *grenzenlose Speicherung von Informationen* attestieren. Fallende Speicherpreise und umfassende Cloud-Computing-Angebote sind Vorboten einer Zeit, in der die Datenspeicherung praktisch nicht mehr begrenzt ist.[4] Für die meisten Anwendungsfälle wird verfügbarer Speicher ausreichen beziehungsweise keine Restriktion darstellen.

---

[2]Engemann C, Sprenger F (Hrsg) (2015) Internet der Dinge. Über smarte Objekte, intelligente Umgebungen und die technische Durchdringung der Welt. Transcript, Bielefeld.

[3]Rolls Royce (2016) Engine Health Management. http://www.rolls-royce.com/about/our-technology/enabling-technologies/engine-health-management.aspx. Zugegriffen: 30. Apr. 2016.

[4]Mosco V (2014) To the cloud – big data in a turbulent world. Taylor & Francis, New York.

Diese Entwicklung wird dadurch begünstigt, dass viele relevante Datenbestände extern bezogen oder referenziert werden können, ohne dass eine Speicherung im eigenen Unternehmen überhaupt noch notwendig wäre. So werden Konsumenten-, Geo- oder auch Wettbewerbsdaten gar nicht mehr selbst vorgehalten, sondern einfach dann von spezialisierten Dienstleistern abgerufen, wenn sie benötigt werden. Damit stehen virtuell riesige Datenmengen zur Verfügung, ohne dass unternehmensintern eine einzige Festplatte für deren Speicherung notwendig wäre. Gleiches gilt für offene Social-Media-Plattformen (z. B. Facebook), Werbedienste (z. B. Google Ads), Online-Lexika/Wissensressourcen (z. B. Wikipedia) oder auch allgemeine Suchanfragen (z. B. Google Suche). Hinzu kommt, dass es mehr denn je möglich sein wird, Speicherkapazitäten zu sehr günstigen Preisen dynamisch anzufordern – das Cloud Computing macht es möglich.

Eng verbunden mit dem grenzenlosen Speicher ist das Phänomen, dass *Informationen grenzenlos vernetzt* werden können. So ist es möglich, intern vorliegende Informationen mit externen Informationsfragmenten beispielsweise aus dem Web, aus sozialen Medien oder aus Wissensdatenbanken zu verknüpfen. Schnelle Netzwerke sowie einfach nutzbare und standardisierte Zugriffsprotokolle beziehungsweise APIs bilden dabei die technische Grundlage. Das funktioniert selbst dann, wenn keine eindeutigen Schlüsselinformationen für die Verknüpfung unabhängiger Datenbestände vorliegen. Intelligente Matching-Algorithmen, die vielfach heuristisch arbeiten, sind oft gut genug, um Zusammenhänge herzustellen. Das Phänomen der grenzenlosen Vernetzung impliziert, dass Anwendungssystemen potenziell eine unbegrenzte Informationsbasis zur Verfügung steht – selbst dann, wenn diese Informationen gar nicht selbst erzeugt wurden. Die Vernetzung wird auch begünstigt durch einen massiven Preisverfall von Informationen. So sind viele „General Purpose"-Informationen heute kostenlos und effizient abrufbar. Hierzu gehören beispielsweise die oben erwähnten Geodienste, Online-Lexika oder auch Suchdienste.

So wie Speicher grenzenlos sein wird, so wird auch die *Informationsverarbeitung grenzenlos* sein. Rechenleistung wird praktisch in beliebigem Umfang, zu beliebiger Zeit und an beliebigen Orten zur Verfügung stehen, weil Mikroprozessoren weiterhin immer leistungsfähiger und gleichzeitig günstiger werden und zudem Cloud-Dienste die Nutzung von Rechenkapazitäten vereinfachen. Durch die Vernetzung wird Rechenleistung auch von überall abrufbar sein. Selbst Kleinstgeräte werden durch Anbindung an große IT-Infrastrukturen über eine Leistungsfähigkeit verfügen, die heutige Großrechner nicht erreichen. Hinzu kommt das Phänomen, dass Architekturen immer verteilter werden und die oben skizzierte grenzenlose Verknüpfung von Informationen auch die (gegebenenfalls kostenlose) Nutzung von Rechenkapazitäten fremder Infrastrukturen impliziert.

Erfolgen beispielsweise Suchabfragen via Google, so wird dafür Rechenkapazität von Google genutzt, die selbst nicht vorgehalten werden muss. Diese Entwicklung erlauben Datenanalysen und Berechnungen von bislang nicht vorstellbaren Ausmaßen – mit dem Potenzial, intelligente Systeme zu entwickeln, die auf massiv verteilten Infrastrukturen aufsetzen.

Zu guter Letzt müssen wir damit rechnen, dass *digitale Maschinen auch grenzenlos agieren* können werden. Sehr fähige Roboter gibt es bereits heute – sie unterscheiden sich von „einfachen" Computern dadurch, dass sie über Aktoren verfügen, das heißt auf ihre physische Umwelt Einfluss nehmen können. Wir gehen davon aus, dass die Anzahl der Aktoren massiv zunehmen wird. Dies wird sich in einer Vielzahl von spezialisierten aber auch „General Purpose"-Robotern manifestieren, die zunächst einfache – dann auch immer komplexere – Aufgaben autonom erledigen können.[5]

Die grenzenlose Informations- und Wissensverarbeitung hat weitreichende Konsequenzen. Aus der Verknüpfung der oben skizzierten Entwicklungen ergibt sich ein massives Potenzial für Unternehmen. In der Zukunft wird es möglich sein, a) die Realität (nahezu) vollständig informatorisch abzubilden, b) auf dieser Basis beliebige Probleme unter Einsatz komplexer Heuristiken, die auf diesen Informationen operieren, zu lösen und c) über Aktoren Einfluss auf die unsere physische Umwelt zu nehmen. Es wird möglich sein, intelligente Computersysteme und Roboter zu entwickeln, die mehr wissen, bessere Entscheidungen treffen und zuverlässiger agieren als Menschen. Hinzu kommt, dass zukünftige Systeme auch schneller und besser als Menschen lernen werden können. Das eröffnet auf der einen Seite ganz neue Anwendungsbereiche und Anwendungsszenarien für Informationstechnologie. Auf der anderen Seite sind viele ethische, wirtschafts- und sozialpolitische Fragen zu stellen, zu diskutieren und zu beantworten. Im Folgenden sollen zur Illustration der Technologiepotenziale einige ausgewählte Anwendungsfälle näher vorgestellt werden. Dabei handelt es sich teilweise um Zukunftsprojektionen, die derzeit (noch) keine Realität darstellen. In einigen Fällen sind entsprechende Entwicklungen und Technologien aber schon heute beobachtbar. Wir orientieren uns bei der Darstellung an betrieblichen Kernfunktionen, um zu verdeutlichen, dass die dargestellten Trends für alle Unternehmensbereiche Relevanz besitzen. Wir verbinden mit den Ausführungen natürlich keinen Anspruch auf Vollständigkeit. Es ist wichtig zu erwähnen, dass viele Beispiele aus Datenschutz- sowie ethischen Gründen als kritisch einzustufen sind. Wir gehen auf mögliche gesetzliche Einschränkungen der vorgestellten Verfahren

---

[5]Ford M (2016) Rise of the robots – technology and the threat of mass unemployment. Basic Books, Philadelphia.

jedoch nicht gesondert ein. Zum einen ist völlig unklar, in welche Richtung sich die gesellschaftspolitische Debatte und die Gesetzgebung in Hinblick auf diese Probleme entwickeln werden. Zum anderen sind längst nicht alle Länder so rigoros wie Deutschland, wenn es beispielsweise um den Schutz der Privatsphäre und die Verarbeitung personenbezogener Daten geht. Interessanterweise erleben wir ja insbesondere in Deutschland zwei gegenläufige Entwicklungen: Auf der einen Seite wird in der gesellschaftspolitischen Debatte das Thema Datensicherheit und Datenschutz oft besonders hitzig thematisiert, was als Indikator für eine besondere Sensibilisierung gesehen werden kann. Auf der anderen Seite hindert dies Millionen private Anwender von sozialen Medien nicht daran, umfassende Details ihres Privatlebens einer breiten Öffentlichkeit zugänglich zu machen. Diese Daten sind weitgehend ungeschützt und stehen bereits heute Unternehmen und anderen Organisationen für die maschinelle Auswertung zur Verfügung.

Digitalisierung in Marketing und Vertrieb

Die Funktionen Marketing und Vertrieb – insbesondere in Unternehmen, die Produkte und Dienstleistungen für Endkunden anbieten – wurden schon früh von Digitalisierungsinitiativen erfasst. Ein naheliegender Schritt besteht darin, Informationen über Kunden zu sammeln, um sie besser zu verstehen und ihnen bessere Angebote unterbreiten zu können. Es ist daher naheliegend, dass bereits heute Unternehmen versuchen, in sehr großem Umfang ihr Bild von ihren Kunden durch die Generierung von kundenbezogenen Daten zu vervollständigen. Hierzu zählen beispielsweise die Nutzung von Daten aus sozialen Medien wie Online-Beiträgen, Videos und Fotos (inklusive Geo-Tagging), Interaktionen zwischen Anwendern oder auch die individuellen Netzwerke.[6] Dabei greifen Unternehmen entweder auf frei zugängliche Daten der Benutzer zurück oder aber schaffen Interaktionsräume durch eigene Präsenzen und Aktivitäten in den sozialen Medien. Darüber hinaus können Web-Logs und Surf-Profile analysiert werden. Cookies und weitergehende Techniken werden von spezialisierten Unternehmen der Werbeindustrie genutzt, um Benutzer über verschiedene Webseiten hinweg zu beobachten und ihr Surfverhalten zu analysieren. Schließlich verfügen große Anbieter kostenloser Internet-Dienste (wie etwa Google oder Yahoo) über vielfältige Informationen über Anwender, die direkt oder indirekt interessierten Unternehmen zur Verfügung gestellt werden. Große Online-Händler (wie

---

[6]Russell MA (2013) Mining the social web. O'Reilly, Cambridge.

beispielsweise Amazon) generieren auch signifikante Mengen eigener Daten über Anwender, die ebenfalls herangezogen werden. Bemerkenswert ist, dass führende Online-Unternehmen wie Google durch ein diversifiziertes Dienste-Angebot sehr vielfältige Informationen über ihre Kunden sammeln und miteinander verknüpfen können. Hierunter fallen nicht nur Surf-Profile oder Aktivitäten in sozialen Medien, sondern auch Bewegungsprofile oder von Anwendern erstellte Dokumente für den privaten oder beruflichen Gebrauch. Neue Sensoren in mobilen Endgeräten oder auch der Kleidung führen zur Generierung weiterer Daten. Video-Streaming im Einzelhandel erlaubt mancherorts bereits die Identifikation von Kunden in Echtzeit – ohne, dass ein umsichtiger Verkäufer notwendig wäre.

Viele dieser Daten werden nicht direkt in den Rechenzentren der Unternehmen gespeichert, die Produkte und Dienstleistungen verkaufen wollen. Vielmehr sind die Daten in der Hoheit der Internet-basierten Werbeindustrie, die Daten indirekt zur Verfügung stellen, nämlich indem in Abhängigkeit von Konsumenteneigenschaften bestimmte Waren- und Dienstleistungsangebote unterbreitet werden. Hier können die Werbedienstleistungen der Unternehmens Google als Beispiel dienen. Ähnlich verhält es sich mit anderen frei verfügbaren benutzerbezogenen Daten aus dem Internet – vielfach ist eine Speicherung auf Servern des nutzenden Unternehmens gar nicht notwendig. Vielmehr wird selektiv gesucht und nur interessierende Datenbestände werden (wenn überhaupt) lokal vorgehalten. Eine besondere Herausforderung besteht dann darin, eigene kundenbezogene Daten wie Kundennummer und Name in Beziehung zu den frei verfügbaren Kundendaten im Internet zu setzen. Ein solches Mapping kann unterschiedlich erfolgen, beispielsweise über den Wohnort oder die Kreditkarteninformationen. Ist die Verbindung von Informationen erfolgreich, sind der Anreicherung von Kundenstammdaten technisch kaum noch Grenzen gesetzt: Bewegungsprofile, Aktivitätsprofile, Teilnahme an Veranstaltungen und Ereignissen, Treffen mit Freunden und der Familie – das alles und mehr lässt sich automatisch aus vorhandenen Datenpools ableiten, sofern es keine durch Gesetze oder den Benutzer vorgenommenen Einschränkungen gibt. Elemente solcher (fast) vollständigen Nutzerprofile lassen sich zunehmend auch semantisch interpretieren, etwa indem Elemente des Profils mit semantisch angereicherten Wissensressourcen verknüpft werden, was bereits heute von Google erfolgreich betrieben wird.

Gemäß der oben skizzierten Entwicklungen bleibt es selbstverständlich nicht bei der Sammlung kundenbezogener Daten. Bereits heute arbeiten Forscher an heuristischen Algorithmen, die den Marketing- und Vertriebssystemen der Zukunft Intelligenz verleihen sollen. So ist es möglich, auf Basis von Social-Media-Daten Schlussfolgerungen in Hinblick auf die politische Orientierungen, den sozioökonomischen Status, die emotionale Verfassung, ästhetische Präferenzen, Wertesysteme oder auch Charaktereigenschaften von Konsumenten zu ziehen.[7] Diese Daten können dazu verwendet werden, Kauf- und Dienstleistungsangebote zu unterbreiten, die eine sehr hohe Wahrscheinlichkeit der Akzeptanz haben. Dabei kann es so weit kommen, dass die tageszeitenabhängige emotionale Verfassung, Ereignisse im Tagesablauf und soziale Interaktionen analysiert werden, um den Käufer in einer Situation der „Schwäche" oder einer besonderen Kaufneigung anzusprechen. Die Ansprache selbst kann prinzipiell auf jedem Vertriebskanal erfolgen, beispielsweise direkt über Apps auf mobilen Endgeräten, in den sozialen Medien, in Ladengeschäften oder auch per E-Mail. Dieses „Profiling" wird bereits heute betrieben; das volle Potenzial wird aber erst in den kommenden Jahren ausgeschöpft werden.

Die Auswirkungen dieser neuen Marketing- und Vertriebsansätze sind sehr weitreichend. Auf einer individuellen Ebene werden wir erleben, dass es zumindest in Teilbereichen zum „gläsernen Konsumenten" kommt. Dieses Phänomen erlaubt eine noch nie da gewesene Form des 1:1-Marketings[8], bei der Unternehmen den Konsumenten unter Umständen besser verstehen als er sich selbst – und zwar allumfassend und in Echtzeit.[9,10] Dadurch kann der Vertriebserfolg drastisch erhöht werden – und das weitgehend voll automatisiert und zu vergleichsweise geringen Kosten. Darüber hinaus kann die Kundenbindung nachhaltig gestärkt werden, weil der Kunde sich vollumfänglich verstanden fühlt. Auf der anderen Seite unterliegt er einer subtilen und vermutlich für viele Konsumenten nicht mehr nachvollziehbaren Beeinflussung. Das bringt ethische Probleme mit sich, deren Klärung eine gesellschaftspolitische Debatte erfordert. Wir gehen aber nicht davon aus, dass sich dieser Trend grundsätzlich verhindern lässt. Die Frage wird allein sein, ob der Käufer diese Prozesse noch steuern kann.

Auf der Ebene von Unternehmen und Märkten birgt die neue Technologie das Potenzial, neue Trends und Moden durch die Analyse von Kundendaten in Echtzeit zu verfolgen und sogar zu prognostizieren. Damit können neue Produkte und Dienstleistungen punktgenau entworfen, produziert und angeboten werden.

---

[7]Siehe beispielhaft: Thelwall M, Wilkinson D, Uppal S (2009) Data mining emotion in social network communication – gender differences in myspace. J Am Soc Inf Sci Technol 61:190–199.

[8]Peppers D, Roger M (1997) The one to one future. Currency Doubleday, New York.

[9]Agresta S, Bough BB (2011) Perspectives on social media marketing. Cengage Learning, Boston.

[10]Moutinho L, Bigné E, Manrai AK (2014) The Routledge companion to the future of marketing. Routledge, New York.

Ladenhüter werden zunehmend der Vergangenheit angehören. Zudem erlauben diese Prognosen ein besseres Management von Supply Chains. Auch wird es Unternehmen möglich, Trends und Moden noch aktiver zu initiieren und zu steuern – auf eine subtile für die meisten Konsumenten nicht mehr offensichtliche Art und Weise.

Die beschriebenen Entwicklungen stellen eine Revolution dar; viele Modelle und Konzepte des Marketings sind angesichts dieser Entwicklung zu hinterfragen oder gar zu verwerfen. So verändern sich beispielsweise die Kommunikations- aber auch die Preispolitik für viele Unternehmen fundamental. Bereits heute arbeitet der Einzelhandel daran, tageszeitabhängige Preise festzulegen. So werden Lebensmittel in Stoßzeiten teurer, in Randzeiten günstiger.[11] Bis es so weit ist, sind heutige Systeme jedoch deutlich weiterzuentwickeln. Unter anderen sind Customer-Relationship-Management-Systeme (CRM-Systeme) um entsprechend intelligente Verfahren und Anbindungen an soziale Medien, an den Point of Sale (POS) oder auch an relevante Ressourcen aus dem Web zu erweitern.

Digitalisierung im Einkauf

Ähnlich weitreichend sind die Veränderungen in der Einkaufsfunktion von Unternehmen. Bereits heute werden Beschaffungsprozesse sehr weitgehend insbesondere durch die Verwendung integrierter Enterprise-Resource-Planning-Systeme (ERP-Systeme) automatisiert. In der Zukunft wird sich der Einkauf jedoch über die Automatisierung hinaus noch einmal sehr deutlich verändern. Ein wesentlicher Treiber für diese Veränderung ist, dass es in Zukunft immer einfacher wird, einkaufsrelevante Informationen zu erfassen beziehungsweise zu generieren. So werden beispielsweise Sensoren an Roh-, Hilfs- und Betriebsstoffen oder aber ihren Verpackungen und Behältnissen eine Messung ihres Verbrauchs erlauben. In ähnlicher Weise wird es möglich sein, Bewegungen (etwa vom Lager zu Produktionsstätten) zu erfassen. Das allein ist grundsätzlich nicht neu und ist unter dem Schlagwort Betriebsdatenerfassung schon seit Jahrzehnten bekannt. Allerdings werden entsprechende Ereignisse in Echtzeit, ohne Intervention von Personen und mit einer noch nie da gewesenen Genauigkeit erfasst werden können. Selbst bei Dienstleistungen wird es möglich sein, deren Status zu erfassen. So ist beispielsweise vorstellbar, dass Verschmutzungsgrade von Räumen (beispielsweise

---

[11]The Huffington Post (2014) Elektronische Preisschilder: Rewe kann bald die Preise sekündlich ändern, 26. August 2014. http://www.huffingtonpost.de/2014/08/26/rewe-elektronische-preisschilder_n_5714583.html. Zugegriffen: 30. Apr. 2016.

stark frequentierten WC-Anlagen) automatisch erfasst und dann nach Bedarf Reinigungsdienste abgerufen werden. Darüber hinaus wird es leichter sein, Informationen über (potenzielle) Lieferanten und Dienstleister zu sammeln. Erfahrungsberichte, Geschäftsberichte, Börseninformationen, Pressemitteilungen, Produkt- und Dienstleistungsinformationen sowie andere Informationen sind oft frei verfügbar im Internet zu finden. Sie können analysiert werden, ohne dass eine langfristige eigene Datenspeicherung erforderlich ist. Stattdessen werden diese Ressourcen nach Bedarf im Web gesucht, mit internen Lieferantendaten verknüpft und so für Auswertungen verfügbar gemacht. Intelligente Algorithmen können auf Basis von Verbrauchsinformationen Bedarfe vorhersagen, geeignete Lieferanten identifizieren und dann Bestellvorschläge erstellen. Bei unkritischen Bedarfen ist auch vorstellbar, dass die Systeme autonom Bestellungen vornehmen; dann ist gar kein Disponent mehr erforderlich. Bei einem solchen „Just-in-Time Predictive Procurement" werden Bestellvorgänge dabei so geplant und durchgeführt, dass Lagerbestände automatisch minimiert werden.[12]

Darüber hinaus ist es leicht vorstellbar, dass insbesondere wichtige Lieferanten automatisch einer 360-Grad-Bewertung unterzogen werden. Externe Informationen (siehe oben) und interne Informationen (beispielsweise aus internen sozialen Medien und Einkaufssystemen) werden hierbei genutzt, um eine möglichst ganzheitliche Qualitäts- und Leistungsbewertung von Lieferanten durchzuführen. Informationen über Beschwerden, Problemfälle oder Verletzung von Lieferzusagen werden vollautomatisch in die Betrachtung integriert. Mit solchen „Intelligent Performance Assessments" wären dann Prognosen über die zukünftige Leistungsbereitschaft und Leistungsfähigkeit eines Lieferanten oder Dienstleisters möglich – ohne dass Einkäufer aktiv werden müssen. Das vermeidet Liefer- und Leistungsausfälle und sichert eine gleichbleibend hohe Qualität. Ein zukunftsorientiertes Lieferanten-Portfoliomanagement wird erheblich erleichtert.

Digitalisierung in der Logistik

In der Logistik werden die Konsequenzen der Digitalisierung besonders spürbar sein. Bereits jetzt zeichnet sich ab, dass Warenströme vollständig digital erfasst werden. So wird es in Echtzeit möglich sein, den Verbleib und den Zustand jedes

---

[12]Lamoureux M (2014) Procurement Trend #6 – Data-Based Predictive Analytics, Sourcing Innovation. http://sourcinginnovation.com/wordpress/2014/12/11/procurement-trend-06-data-based-predictive-analytics/. Zugegriffen: 30. Apr. 2016.

einzelnen Transportguts zu ermitteln. Das betrifft sowohl intra- als auch interorganisationale Logistikprozesse, also Läger, Produktionsstraßen und Lieferwege. Die notwendige Technologie steht teilweise bereits heute zur Verfügung. Schlagworte sind hier Global Positioning System (GPS), Radio Frequency Identification (RFID) oder auch Near Field Communication (NFC). Hinzu kommen Video-Überwachung, die Nutzung von drahtlosen Netzwerken wie WLAN oder LTE und zunehmend auch intelligente Verpackungen, die auf der einen Seite Informationen über das zu transportierende Gut speichern und auf der anderen Seite den Status des Gutes mit Hilfe von Sensoren zu erfassen in der Lage sind. Beispielsweise kann bei Lebensmitteln so die Temperatur erfasst werden oder auch ermittelt werden, ob die Ware verdorben ist.

Neben der Erfassung einzelner Transportbewegungen wird auch das gesamte Verkehrsaufkommen vollumfänglich registriert werden. Es wird möglich sein, dass jeder einzelne Verkehrsteilnehmer Positions-, Bewegungs- und gegebenenfalls Zieldaten meldet. Hinzu kommen Kameras, Satelliten und andere Sensoren, die das Verkehrsgeschehen erfassen und so auch Verkehrsteilnehmer registrieren, die selbst keine Positionsdaten bereitstellen. Weiterhin sind für logistische Zwecke Informationen zur Wettersituation und Sonderereignissen relevant. Zu letzteren zählen beispielsweise Baustellen, Sperrungen, Unfälle aber auch Großereignisse, die das Verkehrsaufkommen und den Verkehrsfluss erheblich beeinflussen können.

Viele der zuvor skizzierten Informationen werden nicht zentral durch den Eigentümer der Güter beziehungsweise Verkehrsteilnehmer gespeichert, sondern erfahren eine dezentrale Speicherung oder werden durch externe Dienstleister vorgehalten. So werden Tracking-Daten in Hinblick auf Warenlieferungen bereits heute durch Logistik-Dienstleister angeboten. Verkehrsinformationen und Wetterdaten sind ebenfalls nach Bedarf von externen Anbietern abrufbar. Damit ist abzusehen, dass es auch im Bereich der Logistik zu massiv verteilten Informationssystemen kommen wird, die darauf basieren, dass verschiedene Datenquellen über Organisationsgrenzen hinweg miteinander vernetzt werden. So können intelligente mit Texterkennungsalgorithmen ausgestattete Systeme durch Analyse von sozialen Medien Großereignisse identifizieren und in Verkehrsprognosen einbeziehen. Darüber hinaus ist es vorstellbar, dass individuelle personenbezogene Daten aus sozialen Medien analysiert und aggregiert werden, um das voraussichtliche Verkehrsaufkommen zu schätzen. Wenn beispielsweise viele Posts davon handeln, dass angesichts des guten Wetters ein Besuch am Stausee geplant wird, kann daraus gefolgert werden, dass die Zufahrtswege wegen des hohen Verkehrsaufkommens vermutlich nur schwer befahrbar sein werden. Damit liegen zum Verkehr praktisch vollständige Informationen vor, die es erlauben sehr zuverlässige Kurz-, Mittel- und Langfristprognosen zu erstellen. Die Berechnungen hierzu sind aufwendig und komplex, lassen sich aber in grenzenlosen Cloud-Strukturen gut abbilden.

„Predicted Traffic" wird auf der Mikroebene eine erheblich zuverlässigere Logistik erlauben, die Just-in-time-Lieferungen auch bei risikoreichen Verkehrswegen wesentlich einfacher werden lässt. Damit können Produktionsstillstände oder hohe Lagerbestände vermieden werden. Eine nahtlose Kopplung an Produktionsplanungs- und Steuerungssysteme (PPS) erhöht den Nutzen weitergehend. Verbindet man diese Technologien mit den bereits heute verfügbaren fahrerlosen Transportsystemen (beispielsweise selbstfahrende Automobile, Lkws, Schiffe oder Züge), so ist vorstellbar, dass die Logistik der Zukunft fast vollständig automatisiert abgewickelt wird. Pausen, krankheitsbedingte Ausfallzeiten und Urlaube würden an Bedeutung verlieren. Der Mensch muss nur noch in Ausnahmefällen intervenieren. Gleichzeitig werden Lieferungen kostengünstiger, schneller und termintreuer, und die Qualität der Güter wird weniger beeinträchtigt.

Auf der Makroebene ist vorstellbar, dass Verkehrssysteme so gesteuert werden, dass Staus, Verzögerungen oder Unfälle sehr weitgehend vermieden werden. Der Dreiklang aus fahrerlosen Transportsystemen, der vollständigen Vernetzung der Verkehrsteilnehmer und vollständigen Informationen über das Verkehrsgeschehen bilden die Grundlage für zentrale Überwachungs- und Steuerungssysteme, die vorausschauend und in Echtzeit eine Steuerung der Verkehrsströme und in Teilbereichen auch einen automatischen Abgleich von Angebot und Nachfrage nach Transportkapazitäten vornehmen. Vielleicht wird es irgendwann sogar so sein, dass die Nutzung der Autobahn zur Rushhour teurer ist als zu Nebenzeiten und so eine monetäre Steuerung erfolgt. Es ist auch denkbar, dass verderbliche Waren Vorrang genießen und Express-Güter spezielle „Überholspuren" nutzen dürfen. Gleichzeitig wird die Sicherheit der Verkehrssysteme weiter zunehmen. Ob eine solche Steuerung als „Schwarmintelligenz" implementiert wird (beispielsweise im Fall des Automobils) oder aber durch ein Zentralsystem (beispielsweise im Bereich der Bahn) ist für das Endergebnis vermutlich zweitrangig.

Die Konsequenzen dieser Veränderungen sind als signifikant einzustufen. Zwar ist auf der einen Seite damit zu rechnen, dass es zu erheblichen Verbesserungen in der Transportabwicklung kommt, die sich voraussichtlich volkswirtschaftlich positiv auswirken wird. Auf der anderen Seite ist jedoch ein massiver Stellenabbau zu erwarten, weil vielen Teilaufgaben der Logistik in der Zukunft einer Rationalisierung und Automatisierung bevorsteht. Das gilt selbst für die Aufgaben, die heutige noch der Intelligenz, Erfahrung und vorausschauenden Planung eines Disponenten bedürfen.

Digitalisierung in der Produktion

Auch in der Produktion wird es zu einer Vervielfachung der generierten Informationen kommen. Maschinen und Roboter werden zunehmend mit Sensoren ausgestattet, die Informationen über die Umgebung, das Werkstück, den Arbeitsfortschritt und interne Zustände erfassen. In vielen Bereichen wächst die Anzahl der Sensoren derzeit exponentiell. Es ist derzeit nicht abzusehen, wann sich dieser Trend abschwächt. Hinzu kommen logistische Daten (siehe oben) über herangeführte oder weitergereichte Werkstücke beziehungsweise Endprodukte. Diese Informationen werden teilweise zentral in Produktionsplanungs- und -steuerungssystemen, teilweise aber auch dezentral in autonomen Produktionsanlagen gesammelt und gespeichert. Sie können aufgrund der Vernetzung leicht entlang der Produktionskette geteilt beziehungsweise übermittelt werden. Teilweise werden auch die Werkstücke selbst diese Informationen mit sich führen. Der Vernetzungsgrad von Produktionsanlagen, Maschinen und Robotern wird massiv zunehmen. Alle an der Produktion beteiligten Systeme, Objekte und Akteure wie Leitstände, Kunden- und Lieferantensysteme, die Produkte selbst oder auch Logistiksysteme werden in der Lage sein, Informationen zu senden und zu empfangen. Damit ist eine proaktive, vorausschauende Koordination von Produktionsabläufen technisch realisierbar. Gleichzeitig können am Produktionsprozess beteiligte Maschinen und Roboter lernen, wie beispielsweise Verschnitt und Ausschuss minimiert werden können oder auch wann Wartungen sinnvoll sind. Wir werden es also mit Robotern zu tun haben, die ein bestimmtes Maß an Introspektion beherrschen und so den Produktionsprozess autonom steuern können. Der nahtlose Informationsfluss sowie die Flexibilität der Maschinen wird es auch erlauben Werkstücke individuell, das heißt auf Basis einer Losgröße von eins zu bearbeiten. Hierzu werden sich Maschinen und Roboter sofern nötig selbstständig programmieren beziehungsweise konfigurieren und beispielsweise notwendige Werkzeuge autonom einspannen. So können sich die Maschinen ohne menschliche Intervention an veränderte Bedarfe anpassen. Werden diese Möglichkeit mit den Fortschritten im Marketing verknüpft (siehe oben), wird eine den Konsumentenbedürfnissen entsprechende (möglicherweise sogar vorausschauende) Produktion von individuellen Produkten möglich. Aufgrund der Flexibilität der Maschinen kann darüber hinaus die Auslastung erhöht werden. Auch ist es denkbar, dass temporär auf Produktionskapazitäten an anderen Fertigungsstandorten ausgewichen wird, wenn die eigenen Möglichkeiten nicht ausreichen. Das passiert ohne großen Planungsaufwand und weitgehend autonom durch intelligente Fertigungs- und Logistiksysteme. Hieraus ergibt sich ein volkswirtschaftlicher und ökologischer Nutzen, denn knappe Produktionskapazitäten werden bestmöglich genutzt. So werden Lagerbestände weiter reduziert, Produktions- und Lieferzeiten verkürzt und eine höhere Kundenorientierung realisiert. Letztlich gewinnt die Produktion an „Elastizität".

Digitalisierung im Personalmanagement

Die Digitalisierung wird auch die Personalfunktion in Unternehmen fundamental verändern. So wird es immer leichter werden, umfassende Informationen über potenzielle und derzeitige Mitarbeiter zu generieren beziehungsweise zu sammeln. Insbesondere interne wie externe soziale Medien, die von (potenziellen) Mitarbeitern genutzt werden, bieten einen reichen Fundus an Daten. Soziale Netzwerke wie Xing, LinkedIn, Facebook aber auch Blogs und Diskussionsforen erlauben es, Rückschlüsse auf Persönlichkeitsmerkmale, Einstellungen, Hobbys und auch andere Aktivitäten zu ziehen.[13] Ähnlich wie es möglich sein wird, den gläsernen Kunden zu schaffen (siehe oben), wird es auch möglich sein, den gläsernen Mitarbeiter zu schaffen. Auch hier gilt, dass die entsprechenden Daten nicht vollumfänglich in der eigenen IT-Infrastruktur vorgehalten werden müssen. Vielmehr werden bei Bedarf automatische Recherchen angestellt werden können, deren Ergebnisse dann gegebenenfalls lokal gespeichert werden. Da eindeutig identifizierende Merkmale wie die Personalnummer in der Regel nicht zur Anwendung kommen können (sie werden ja nur intern verwendet), ist bei der externen Suche mit Merkmalsbündeln zu operieren. Das bedeutet, dass die interessierende Person beispielsweise mit Namen und Wohnort gesucht wird. Geschlecht, das (ungefähre) Alter oder auch andere äußere Merkmale können ebenfalls helfen, eine Person in sozialen Medien zu identifizieren. Text- und Bilderkennungsverfahren machen die Auswertung von entsprechenden Informationen in der Zukunft vergleichsweise leicht möglich. Bei internen sozialen Medien ist die Situation ungleich einfacher. Hier kann über ein Mapping von Benutzernamen oder User-IDs leicht eine Verbindung zu Personalstammdaten hergestellt werden. In den meisten Fällen wird dieses Mapping permanent gespeichert werden.

Aus den vorliegenden Informationen lassen sich wie beim Kunden vielfältige Schlüsse ziehen, die für die Leistungsmessung, die Entwicklung oder auch die Freisetzung des Personals relevant sein können. Unter dem Schlagwort „Social

---

[13]Spitzer B, Vernet AK, Sonderstorm C, Nambiar R (2013) Using digital tools to unlock HR's true potential. Capgemini. https://www.capgemini-consulting.com/resource-file-access/resource/pdf/digitalhrpaper_final_0.pdf. Zugegriffen: 30. Apr. 2016.

Media Mining" werden hierzu sehr mächtige Algorithmen entwickelt, die es vermögen, aus großen Mengen unstrukturierter Daten weitreichende Schlüsse zu ziehen. So wird es leicht möglich sein, herauszufinden, wie gesund ein Mitarbeiter ist, wie hoch sein Ausfallrisiko ist, welches Gehaltsniveau angemessen ist, ob der Mitarbeiter das Unternehmen in angemessener Weise repräsentiert, ob er gewissenhaft arbeitet, emotional ausgeglichen ist oder gar psychische Probleme hat.

Die Auswirkungen sind weitreichend: Bewerber können einem automatischen Pre-Screening unterzogen werden, wobei selbstverständlich auch die Bewerbungsunterlagen automatisch analysiert werden. Unternehmen können ein sehr tief gehendes Verständnis von ihren Mitarbeitern entwickeln und Personalentwicklungsmaßnahmen punktgenau konzipieren. Auch Potenzialanalysen zum Beispiel in Bezug auf den Führungskräftenachwuchs sind denkbar. Für all diese Anwendungsfelder sind bestehende HR-Systeme mit entsprechend neuen intelligenten Funktionen sowie Zugriffsmöglichkeiten auf soziale Medien und weitergehende Informationsquellen auszustatten.

Digitalisierung In Finanzen und Controlling

Nicht zuletzt wird die Digitalisierung einen signifikanten Einfluss auf die Finanzfunktion im Unternehmen ausüben. Eine Studie der US-amerikanischen Unternehmensberatung Accenture prophezeit die totale Disruption der Finanzabteilungen, die den Autoren nach in den führenden Unternehmen bereits im Jahr 2020 vollkommen anders aussehen werden als derzeit.[14] Diese Veränderungen betreffen insbesondere den Controlling-Bereich, bei dem es bereits heute ganz wesentlich um die Versorgung des Unternehmens mit entscheidungsrelevanten Informationen geht. Gerade hier besteht aber enormer Verbesserungsbedarf, sodass die neuen, digitalen Technologien wie etwa Big Data Analytics, Cloud Computing und Intelligente Systeme wie gerufen kommen.

Eine wesentliche Rolle im Veränderungsprozess wird dem sogenannten Predictive Forecasting zugeschrieben. Hierbei geht es im Kern um die Ablösung reaktiv-analytischer Auswertung von Vergangenheitsdaten durch proaktiv-prognostizierende Ansätze, von denen eine deutlich höhere Treffsicherheit als von

---

[14]Hedtstück M (2015) Bis spätestens 2020: Accenture prophezeit totale Disruption der Finanzfunktion, Finance Magazin, 12. November 2015. http://www.finance-magazin.de/bilanzicrung-controlling/finanzplanung/accenture-prophezeit-totale-disruption-der-finanzfunktion-1367601/. Zugegriffen: 30. Apr. 2016.

traditionell erstellten Vorhersagen erwartet wird.[15] Aktuell werden in den meisten Unternehmen Forecasting-Prozesse noch manuell und mit hohem Aufwand betrieben. Zudem werden sie nicht selten als politisch motiviert kritisiert. Durch den Einsatz von Big Data und Predictive Analytics ergibt sich nun die Möglichkeit, aus granularen Daten automatisiert Prognosen zu generieren. Durch die Anwendung von stochastischen Modellen, maschinellem Lernen und Data-Mining-Ansätzen lassen sich solche Forecasts nicht nur effizienter gestalten, sondern sie führen in der Regel auch zu deutlich besseren Ergebnissen.

Generell wird die „Digitale Unternehmenssteuerung" davon profitieren, dass Steuerungszyklen und Optimierungen zukünftig agil sind und in Echtzeit erfolgen können. Dabei werden automatisierte Analysen die Reaktionszeiten verkürzen, „Hochfrequenzentscheidungen" ermöglichen sowie zu einer laufenden Identifizierung von möglichen Optimierungsmaßnahmen führen. Durch die neuen, digitalen Ansätze werden Entscheidungen innerhalb von festgelegten Wert- und Risikogrenzen auf der Basis der Wahrscheinlichkeiten von Prognoseergebnissen automatisiert – und dadurch schneller – getroffen werden können. Da die Digitalisierung zu einer noch stärkeren unternehmensübergreifenden Vernetzung führen wird, in deren Rahmen Informationen über Organisationsgrenzen hinweg geteilt werden, werden Prozesse in zunehmendem Maße unternehmens- und wertschöpfungsübergreifend integriert gesteuert werden können.[16]

Die skizzierten Veränderungen werden auch Auswirkungen auf die organisatorische Aufstellung der Finanzfunktion haben. An dieser Stelle erwarten wir eine stärkere Verlagerung von Kernfunktionen heutiger Finanzabteilungen in die verschiedenen Unternehmensbereiche hinein – also eine Dezentralisierung der heutigen Finanzaufgaben. Durch die neuen technologischen Möglichkeiten werden traditionelle Aufgaben der Rechnungslegung und Datenaufbereitung mithilfe automatisierter „Robotor-Lösungen" direkt in den Fachbereichen erledigt werden können. Für die klassische Finanzfunktion selbst ist hingegen zu erwarten, dass sie sich zu einer zentralen Analyseeinheit für strategische Entscheidungshilfen entwickelt. Die Bedeutung der Finanzabteilungen dürfte dadurch grundsätzlich aufgewertet werden. Die entsprechenden Teams werden im Vergleich zu heute jedoch kleiner und heterogener aufgestellt sein. Auf der Personalseite werden

---

[15]Mehanna W, Müller F, Tunco C (2015a) Predictive Forecasting und die Digitalisierung der Unternehmenssteuerung. IM+io Fachzeitschrift für Innovation, Organisation und Management 2015(4):28–32.

[16]Mehanna W, Tobias S, Zierhofer R (2015b) Die neue Welt der Unternehmenssteuerung. Perform Archit 2:8–12.

wir beobachten, dass weniger Betriebswirte das Bild der Finanzabteilungen prägen, sondern dass diese in zunehmendem Maße von Data Scientists, Statistikern, Verhaltensforschern und möglicherweise sogar Anthropologen dominiert werden (siehe Fußnote 14).

Die Transformation zur IT-Organisation der Zukunft

Viele der oben skizzierten digitalen Anwendungsszenarien sind prinzipiell bereits heute umsetzbar, weil Hard- und Software mit der notwendigen Leistungsfähigkeit verfügbar ist. Allerdings handelt es sich derzeit meist noch nicht um Standardsoft- und -hardware. Deshalb ist ein erheblicher Implementierungs-, Konfigurations-, Integrations- und Testaufwand zu leisten, bis Systeme zur Anwendung kommen können. Zudem sind in vielen Fällen auch die Hardwarekosten noch erheblich zu hoch. Deshalb ist vieles was heute bereits denkbar ist, wirtschaftlich noch nicht sinnvoll umsetzbar. Das gilt insbesondere für kleine und mittlere Unternehmen.

Deshalb empfehlen wir, den Markt für entsprechende Technologien und Produkte aufmerksam zu beobachten und entsprechende Entwicklungsfortschritte zu bewerten. Ein Einstieg lohnt sich erst dann, wenn die notwendige Reife erzielt wurde. Für viele Unternehmen lohnt sich keine „First-Mover"-Strategie, die gegebenenfalls mit hohen Kosten bezahlt werden muss. Anders ist das in Fällen, in denen die finanziellen Ressourcen vorhanden sind und in denen sich ein Unternehmen unmittelbare Wettbewerbsvorteile von der „First-Mover-Strategie" erhofft. Hier kann es sinnvoll sein, impulsgebend tätig zu werden und sich einen Vorsprung zu erarbeiten. Dieses Technology Scouting sollte unter Einbindung und in enger Kooperation mit den entsprechenden Fachbereichen auf der Geschäftsseite erfolgen, denn nur so kann das Potenzial der Digitalisierung richtig bewertet werden.

Wir halten es weiterhin für sinnvoll, das Technology Scouting mit einem domänenorientierten Architekturmanagement zu verbinden. Fachdomänen wie Personalwesen, Finanzen oder Produktion werden dabei separat und langfristig geplant, wobei natürlich auch Schnittstellen eine Berücksichtigung erfahren. Für jede Domäne werden Digitalisierungstrends separat beobachtet und es wird erörtert, wie neue Technologien und Verfahren Eingang in die bestehende Architektur finden können. So kann frühzeitig antizipiert werden, welche architekturbezogenen Entwicklungen notwendig sind, um sich auf Veränderungen, die aus der Digitalisierung resultieren, vorzubereiten. Das Ergebnis sind entsprechende Roadmaps für die Digitalisierung, die auch als Grundlage für die

Investitionsprogramm- und Portfolioplanung dienen. Dabei ist darauf zu achten, dass sich die Domänenplanungen nahtlos in eine stimmige Gesamtarchitektur einbetten. Entsprechende Planungs- und Kontrollaufgaben können von einem Unternehmensarchitekten wahrgenommen werden. Auch sollten die Domänenplanungen zur mittel- und langfristigen digitalen Strategie des Unternehmens passen. Neue digitale Produkte und Dienstleistungen oder auch neue Geschäftsmodelle bedingen meist vielfache Anforderungen an die verschiedenen funktionalen Bereiche eines Unternehmens. An dieser Stelle wird bereits deutlich, dass die IT-Funktion der Zukunft neue Aufgaben zu übernehmen hat: So sind frühzeitig Innovationspotenziale zu identifizieren, die dann in Einklang mit strategischen Überlegungen in lauffähige Systeme, Produkte, Dienstleistungen oder auch Geschäftsmodelle zu überführen sind.

Überblick: Kein Business ohne IT

- Die neuen technologischen Möglichkeiten der Digitalisierung überschreiten vorangegangene Innovationswellen erheblich.
- Die Digitale Transformation basiert auf einer *praktisch unbegrenzten* Möglichkeit, Informationen zu generieren, sie zu speichern, sie zu vernetzen und sie zu verarbeiten.
- Neu ist weiterhin, dass intelligente Maschinen nunmehr direkten Einfluss auf ihre physische Umwelt nehmen werden (Aktoren).
- Damit wird es möglich, auch komplexere Aufgaben der Planung oder Steuerung durch Maschinen ausführen zu lassen.
- Maschinen werden dabei zunächst in klar abgegrenzten, dann aber auch in weitreichenderen Bereichen zuverlässiger und besser agieren als der Mensch.
- Von der Digitalisierung sind praktisch alle Unternehmensbereiche betroffen.
- In vielen Fällen werden derzeitige Wertschöpfungsprozesse und -praktiken revolutioniert.

Literatur

Agresta S, Bough BB (2011) Perspectives on social media marketing. Cengage Learning, Boston

Bower JL, Christensen CM (1995) Disruptive technologies. Catching the wave. Harv Bus Rev 69:19–45

Engemann C, Sprenger F (Hrsg) (2015) Internet der Dinge. Über smarte Objekte, intelligente Umgebungen und die technische Durchdringung der Welt. Transcript, Bielefeld

Ford M (2016) Rise of the robots – technology and the threat of mass unemployment. Basic Books, Philadelphia

Hedtstück M (2015) Bis spätestens 2020: Accenture prophezeit totale Disruption der Finanzfunktion, Finance Magazin, 12. November 2015. http://www.finance-magazin.de/bilanzierung-controlling/finanzplanung/accenture-prophezeit-totale-disruption-der-finanzfunktion-1367601/. Zugegriffen: 30. Apr. 2016

Lamoureux M (2014) Procurement Trend #6 – Data-Based Predictive Analytics, Sourcing Innovation. http://sourcinginnovation.com/wordpress/2014/12/11/procurement-trend-06-data-based-predictive-analytics/. Zugegriffen: 30. Apr. 2016

Mehanna W, Müller F, Tunco C (2015a) Predictive Forecasting und die Digitalisierung der Unternehmenssteuerung. IM+io Fachzeitschrift für Innovation, Organisation und Management 2015(4):28–32

Mehanna W, Tobias S, Zierhofer R (2015b) Die neue Welt der Unternehmenssteuerung. Perform Archit 2:8–12

Mosco V (2014) To the cloud – big data in a turbulent world. Taylor & Francis, New York

Moutinho L, Bigné E, Manrai AK (2014) The Routledge companion to the future of marketing. Routledge, New York

Peppers D, Roger M (1997) The one to one future. Currency Doubleday, New York

Rolls Royce (2016) Engine Health Management. http://www.rolls-royce.com/about/our-technology/enabling-technologies/engine-health-management.aspx. Zugegriffen: 30. Apr. 2016

Russell MA (2013) Mining the social web. O'Reilly, Cambridge

Spitzer B, Vernet AK, Sonderstorm C, Nambiar R (2013) Using digital tools to unlock HR's true potential. Capgemini. https://www.capgemini-consulting.com/resource-file-access/resource/pdf/digitalhrpaper_final_0.pdf. Zugegriffen: 30. Apr. 2016

The Huffington Post (2014) Elektronische Preisschilder: Rewe kann bald die Preise sekündlich ändern, 26. August 2014. http://www.huffingtonpost.de/2014/08/26/rewe-elektronische-preisschilder_n_5714583.html. Zugegriffen: 30. Apr. 2016

Thelwall M, Wilkinson D, Uppal S (2009) Data mining emotion in social network communication – gender differences in myspace. J Am Soc Inf Sci Technol 61:190–199

Entwicklung und Betrieb nicht entscheidend – Das IT-Management folgt dem Paradigma „Innovate-Design-Transform"

Informationstechnologie wird seit ihrer Entstehung als Mittel gesehen, Geschäftsprozesse zu automatisieren und zu rationalisieren. Daher ist es nicht überraschend, dass die Unternehmens-IT in den Jahren ihrer Entwicklung immer professionellere Strukturen und Abläufe entwickelt hat, um die Anforderungen von Fachabteilungen aufzunehmen, eine angemessene IT-Unterstützung zu planen, diese zu implementieren und dann in Form von IT-Services zu betreiben und anzubieten. Dabei arbeiten IT-Organisationen oftmals reaktiv, das heißt sie „warten" auf die Wünsche der Fachabteilungen. IT-Organisationen werden somit zumeist als interne Unterstützungsfunktion oder interner Dienstleister im eigenen Unternehmen wahrgenommen.

Durch den derzeitigen Trend zur Digitalisierung werden viele IT-Organisationen jedoch mit sehr viel weitergehenden Anforderungen konfrontiert. Vor dem Hintergrund der aktuellen Entwicklungen ist es für viele Unternehmen erfolgsentscheidend, effektiv und effizient Geschäfts- und Wertschöpfungsinnovationen hervorzubringen, entsprechende IT-Lösungen zu entwickeln und das eigene Unternehmen anschließend neu auszurichten, um weiterhin wettbewerbsfähig zu sein (siehe Kap. 3). Die betroffenen IT-Organisationen sind gefordert, proaktiv mitzuwirken und die Veränderungen in Hinblick auf die erforderliche IT zu begleiten. Derzeit werden die meisten IT-Organisationen dieser Rolle jedoch noch nicht gerecht, da sie als reaktive Dienstleister weder über die Strukturen, noch über die Prozesse oder Fähigkeiten verfügen, (Geschäfts-)Innovationen systematisch zu entwickeln. Zudem werden IT-Organisationen häufig als bürokratisch, wenig flexibel und nicht auf Augenhöhe mit den Fachabteilungen wahrgenommen. So werden beispielsweise kurzfristige Änderungen an Informationssystemen, die von den Fachabteilungen gewünscht werden, aus deren Sicht nicht

© Springer-Verlag Berlin Heidelberg 2016
N. Urbach und F. Ahlemann, *IT-Management im Zeitalter der Digitalisierung*,
DOI 10.1007/978-3-662-52832-7_4

schnell genug umgesetzt, wenn sich die IT-Organisation auf bestimmte Zeitfenster für Änderungen festlegt.

Vor diesem Hintergrund stellt sich die Frage, wie sich IT-Organisationen strategisch zu einem Innovationspartner innerhalb ihres Unternehmens entwickeln können. Hierzu diskutieren wir die Schwächen des gegenwärtig sehr etablierten *Plan-Build-Run*-Paradigmas und stellen ein neues IT Management-Paradigma vor, das wir als *Innovate-Design-Transform*[1] bezeichnen. Darüber erläuterten wir, welche spezifischen Kompetenzen Organisationen, die diesem Paradigma folgen, entwickeln müssen, um sich der Digitalen Transformation zu stellen.

Die Entwicklung zum industrialisierten IT-Management

Das IT-Management hat in den vergangenen Jahren eine starke Veränderung erfahren. Ging es beim Einsatz von IT anfangs vor allem darum, rechenaufwendige Routineaufgaben zu beschleunigen, wurde bald klar, dass ein darüber hinausgehendes Potenzial in der integrierten Unterstützung vollständiger Geschäftsprozesse liegt. Vor diesem Hintergrund entstanden beispielsweise Enterprise-Resource-Planning-(ERP)-, Supply-Chain-Management-(SCM)- und Customer-Relationship-Management-(CRM)-Systeme. Damit konnten auf der einen Seite effiziente Prozesse und auf der anderen Seite eine bessere Entscheidungsunterstützung für das Management realisiert werden. Dazu waren jedoch erhebliche Investitionen und große Projekte erforderlich. Angesichts steigender IT-Investitionen und zunehmender Abhängigkeit der Unternehmen von IT war es daher naheliegend, dass die Unternehmen begannen, die Bereitstellung neuer Technologien systematisch zu planen („Plan"), umzusetzen („Build") und die resultierenden Services effizient zu betreiben („Run"). Bis heute arbeiten die meisten IT-Organisationen nach dieser Vorgehensweise *(Plan-Build-Run).*

Vor dem Hintergrund von Entwicklungen wie IT-Outsourcing und Application Service Providing (ASP) wurde in vielen Unternehmen bald klar, dass *Plan-Build-Run* die Realität von IT-Organisationen nicht mehr adäquat abbildet. Anstatt umfänglich Systeme zu planen und dann selbst zu implementieren, gingen mehr und mehr Unternehmen dazu über, ihre IT-Wertschöpfungskette zu verkürzen und Teile dieser Kette an externe Partner abzugeben. Beispiele hierfür

---

[1]Koch P, Ahlemann F, Urbach N (2016) Die innovative IT-Organisation in der digitalen Transformation: von Plan-Build-Run zu Innovate-Design-Transform. In: Helmke S, Uebel M (Hrsg) Managementorientiertes IT-Controlling und IT-Governance, 2. Aufl. Springer Gabler, Berlin: S. 177–196.

sind Auslagerungen von IT-Service-Desks oder das Leasing von Hardware inklusive der dazugehörigen Wartung von externen Partnern. Damit war in vielen IT-Organisationen ein ähnlicher Trend zu beobachten wie in der fertigenden Industrie, was zur Entwicklung des Supply Chain Managements und entsprechender Referenzmodelle geführt hat. Entsprechend wurde das *Plan-Build-Run*-Paradigma Mitte der 2000er-Jahre zum integrierten Informationsmanagement-Modell (IIM-Model) weiterentwickelt. Diese neue Sichtweise umfasst dabei die Phasen der Ressourcenbeschaffung und des Lieferantenmanagements („Source"), die Koordination des Leistungserstellungsprozesses („Make") sowie das Management der Kundenbeziehung, die Erfassung der Kundenanforderungen der Kunden und die operative Steuerung der Kundenschnittstelle („Deliver").[2]

Sowohl *Plan-Build-Run* als auch *Source-Make-Deliver* betonen die Eigenständigkeit der IT-Wertschöpfungskette, die eine weitgehend unabhängige Planung und Steuerung erfordert. Sie wird durch Spezialisten überwacht, die über klar definierte Schnittstellen mit den (meist internen) Kunden kommunizieren. Das erleichtert die Auslagerung von Teilen der Wertschöpfungskette und macht die IT-Organisation dadurch zumindest teilweise substituierbar. Vor diesem Hintergrund konzentriert sich das IT-Management auf Effizienz und Verlässlichkeit. IT-Services werden mithilfe von Prozessen erstellt und betrieben, die einer hochgradig automatisierten Fließbandfertigung gleichen. Zentrale Ziele sind Kosteneffizienz, Verlässlichkeit und hohe Qualität der Prozesse. Nun aber sehen sich viele Unternehmen mit den Herausforderungen der Digitalisierung konfrontiert: Disruptive, IT-basierte Innovationen gefährden etablierte Geschäfts- und Wertschöpfungsmodelle und verlangen adäquate Antworten und proaktives Handeln.

Das industrialisierte IT-Management kommt an seine Grenzen

Noch immer stellen die IT-Organisationen vieler Unternehmen ausschließlich IT-Infrastrukturdienste und darauf aufbauende Anwendungssysteme bereit. Hinzu kommen flankierende Dienstleistungen wie der IT-Helpdesk sowie Aufgaben im Kontext von IT-Projekten. Ob eine solche Ausrichtung genügt, um eine treibende Rolle in der der Digitalisierung von Geschäfts- und Wertschöpfungsmodellen zu spielen, ist dabei fraglich. In der Zukunft wird die zentrale Herausforderung

---

[2]Zarnekow R, Brenner W, Pilgram U (2005) Integriertes Informationsmanagement – Strategien und Lösungen für das Management von IT-Dienstleistungen. Springer, Heidelberg.

des IT-Managements darin bestehen, die oben skizzierten Innovationen (mit) zu entwickeln, zu implementieren und die notwendigen organisatorischen Veränderungen im Unternehmen zu begleiten oder sogar zu treiben. Hierbei ist das Augenmerk auf Aspekte zu lenken, die bisher selten im Blick von IT-Führungskräften waren: Wie kann die IT-Organisation neue Geschäfts- und Wertschöpfungsmodelle auf Basis von neuen Technologien (mit) entwickeln? Welche Daten stehen dem Unternehmen zur Verfügung oder können generiert werden und welche Schlussfolgerungen können aus ihnen gezogen werden? Welche technologischen Innovationen sind zu erwarten und welches Potenzial bieten sie? Auch wenn es heute wenig konkrete Handlungsempfehlungen für Unternehmen gibt, die zu einer leichten Beantwortung dieser und anderer Fragen führen, zeichnet sich doch ab, dass die bestehenden IT-Management-Paradigmen *Plan-Build-Run* und *Source-Make-Deliver* den neuen Herausforderungen nur sehr bedingt gewachsen sind.

Das *Plan-Build-Run*-Paradigma führt durch aufwendige Planungsphasen zu verhältnismäßig langen Time-to-Market-Zeiten, die bei schnellen Innovationszyklen zur Herausforderung werden. Die klassische IT-Planung ist zu starr und nicht flexibel genug, um auf Markt- und Technologietrends in angemessener Zeit reagieren zu können. In der Entwicklungsphase erarbeiten IT-Organisationen zum Teil eigene Lösungen und Bündeln ihre Ressourcen nicht in ausreichender Form. Darüber hinaus betont *Plan-Build-Run* das effiziente Management der IT-Wertschöpfungskette und ignoriert kurzfristige externe marktorientierte oder technologische Impulse. Hinzu kommt, dass IT-Organisationen, die dem *Plan-Build-Run*-Paradigma folgen, Strukturen ausbilden, die zwar die Entwicklung von IT-Kompetenzen fördern, aber selten zur Akkumulation von Branchen-, Geschäftsmodell- oder (vertieftem) Geschäftsprozess-Know-how führen.

Die Fokussierung auf die Eigenentwicklung hat das *Source-Make-Deliver*-Paradigma abgelegt und schafft einen breiteren Bezugsrahmen. Es fokussiert stärker auf Lieferanten- und Kundenbeziehungen für die Beschaffung und Bereitstellung von Dienstleistungen oder anderen Ressourcen und öffnet damit die IT-Organisation für eine intensive Nutzung von Partnernetzwerken. Die Einbringung von Partnern kann dabei eine weitere Steigerung der Effizienz einer IT-Organisation bedeuten, da jeder Partner sich auf seine Kernkompetenz konzentrieren kann. Dieses Paradigma ist damit ebenfalls auf Prozesseffizienz ausgerichtet. Demnach gilt auch hier: Das Paradigma ist wenig dafür geeignet, auf Basis von weitreichendem Geschäfts-Know-how externe Impulse aufzunehmen und dann entsprechende Innovationen auf den Weg zu bringen.

Anforderungen an ein neues IT-Management-Paradigma

Die Herausforderungen der Digitalisierung können weder die Fachabteilungen noch die IT-Organisation losgelöst voneinander erfolgreich bewältigen. Im Zeitalter der Digitalisierung gibt es unserer Meinung nach drei wesentliche Anforderungen an die zukünftige IT-Organisation, die eine Transformation derselben erfordern.

Zunächst ist die *Innovationsfähigkeit* der IT-Organisation durch mehr Agilität zu erhöhen. Damit gewinnt die Organisation an Flexibilität und kann auf Ereignisse am Markt in angemessener Zeit reagieren. Erste Schritte wären hier beispielsweise eine rollierende Planung und flexiblere Budgets, damit Innovationen schneller umgesetzt und vorangetrieben werden können. Weiterhin werden partnerschaftliche und kundenorientierte Modelle der Zusammenarbeit und Innovationsentwicklung benötigt.

Des Weiteren sollte der zukünftige Fokus von IT-Organisationen weniger auf der Erstellung und Entwicklung, als vielmehr auf der *Gestaltungsfähigkeit* von richtigen Lösung für den spezifischen Einsatzzweck liegen. Das Design der Lösung sollte stets vom Kunden aus gedacht und konzipiert werden und kann auch unter Einbezug von Partnernetzwerken erfolgen. Durch zunehmend offenere Kooperationen werden aus Innovationsansätzen Lösungsdesigns, die weiterentwickelt und für den operativen Einsatz vorbereitet werden. Ein neues Paradigma sollte daher auch Design-Thinking-Ansätze[3] berücksichtigen, um innovative Produkte und Services auf die Nutzerbedürfnisse ausgerichtet konzipieren und zum operativen Einsatz bringen zu können. Dabei kann die eigentliche Implementierung der Innovation im Sinne von Technologieentwicklung, -konfiguration oder -integration oft externen Partnern überlassen werden. Es ist dabei lediglich zu berücksichtigen, dass sich die entwickelten Designs möglichst nahtlos in die Unternehmensarchitektur integrieren lassen, was ein dediziertes Architekturmanagement erfordert.

Die Dynamik der Entwicklungen in der Digitalisierung erzeugt einen stetigen Veränderungsdruck für Unternehmen. Die Unternehmen und vor allem deren IT-Organisation werden gefordert sein, die Veränderungen schnell und verlässlich voranzutreiben und umzusetzen. Das erfordert eine weitgehende *Transformationsfähigkeit*. Nach der Gestaltung und folgenden Umsetzung von Innovationen im Kontext von Geschäfts- und Wertschöpfungsmodellen ist das Unternehmen

---

[3]Grots A, Pratschk M (2009) Design Thinking – Kreativität als Methode. Market Rev St. Gallen 26(2):18–23.

mitsamt seinen Strukturen und Abläufen entsprechend zu verändern. Viele Organisationen zeichnen sich jedoch durch ein hohes Beharrungsvermögen aus. Das Veränderungsmanagement gehört daher zu den wichtigen Anforderungen an ein zukünftiges Paradigma. Für die IT-Organisation bedeutet das neue Paradigma einen Rollenwandel vom Service Provider zum Innovationspartner auf Augenhöhe.

Das neue Paradigma: Innovate-Design-Transform

Die obigen Herausforderungen des Zeitalters der Digitalen Transformation erfordern eine Neuaufstellung der IT-Organisation, mit der die Anforderungen an die Innovation-, Gestaltungs- und Transformationsfähigkeit erfüllt werden können. Wir schlagen ein neues Paradigma vor, welches zum Ziel hat, diesen drei zentralen Anforderungen gerecht zu werden.

Die gezielte Entwicklung von Innovationen *("Innovate")* bildet die erste Phase des neuen Paradigmas. Sie erfordert vor allem Bemühungen in Hinblick auf strategische Zielsetzungen und entsprechende Budgets, die kooperative Zusammenarbeit mit Kunden und Partnern, stringente Prozessen des Innovationsmanagements sowie individuelle Freiräumen und eine Innovationskultur. IT-bezogene Innovationstätigkeiten sollten klaren Innovationszielen folgen, die in der Digitalen Strategie verankert sind. Ohne eine solche strategische Verankerung wird es schwer, notwendige Prioritäten zu setzen, den Mitarbeitern die Innovationstätigkeit zu vermitteln, sie zielgerichtet zu führen und den Erfolg der Innovationstätigkeit zu messen. Anders als bei den tradierten IT-Management-Paradigmen wird sich die Innovationstätigkeit jedoch auf (interne und externe) Kunden und Geschäftspartner und weniger auf die Optimierung interner IT-Prozesse konzentrieren. Andernfalls wird es nicht zur (Weiter-)Entwicklung von digitalisierten Geschäfts- und Wertschöpfungsmodellen kommen. Natürlich genügt es nicht nur, Ziele festzuschreiben. Die IT-Organisation der Zukunft muss über die finanziellen Ressourcen verfügen, Innovationen auch wirklich vorantreiben zu können. IT-Organisationen sollten daher über ein dediziertes Innovationsbudget verfügen. Da die Innovationstätigkeit nach außen gerichtet ist, bedarf es auch neuer Kooperationsmodelle für die Zusammenarbeit mit Kunden und Geschäftspartnern. Bisher sind in vielen Unternehmen die Schnittstellen zwischen IT und Fachabteilungen formalisiert und vertraglich geregelt. So kommen beispielsweise Service-Level-Agreements (SLA) zum Einsatz, die präzise die Rechte des Kunden und Pflichten der IT-Organisation regeln. Hinzu kommt, dass IT-Organisationen oftmals eine andere Sprache und Kultur pflegen als ihre Kunden, was die Kommunikation weiter erschwert. Es ist fragwürdig, ob auf Basis solcher Schnittstellen eine vertrauensvolle, kreative, flexible und zukunftsorientierte Zusammenarbeit entstehen kann. Daher müssen sich heutige IT-Organisationen die Frage stellen, wie die Zusammenarbeit mit Kunden in der Zukunft aussehen soll. Gleichzeitig kann es notwendig sein, externe Partner in die Innovationsarbeit zu integrieren, um beispielsweise Kompetenzdefizite auszugleichen und externe Impulse aufzunehmen. Solche offenen Innovationstätigkeiten können den Innovationserfolg nachhaltig steigern. Beispielsweise können Kunden und Lieferanten bei der Entwicklung neuer Produkte und Services aktiv mitwirken und ihre Wünsche beispielsweise über eine dafür vorgesehene Plattform äußern. Nicht jede Innovationsidee schafft es bis zum produktiven Einsatz. In der Regel werden eine Vielzahl von Innovationsideen generiert und geprüft, und nur die Vielversprechendsten werden weiterverfolgt. Um einen Überblick über die Innovationsaktivitäten einer IT-Organisation zu behalten und sie zielgerichtet priorisieren und steuern zu können, ist ein (offener) Innovationsmanagement-Prozess zu etablieren. Dieser sollte die Prüfung der Machbarkeit von Ideen sowie ihre finanzielle Bewertung umfassen. Besonders bei der Ausweitung der Innovationsaktivitäten und verstärkter Kooperation von Unternehmen unterschiedlicher Branchen kann dies dabei helfen, zu verstehen, welche Aktivitäten sich wie auf den Innovationserfolg auswirken. Damit kollektive Arbeit und Innovationstätigkeit entstehen können, sind Freiräume in der IT-Organisation notwendig. Nur Mitarbeiter, die sich mit geschäftlichen Entwicklungen und Technologien beschäftigen können, werden kreativ und initiativ die oben beschriebenen Innovationen hervorbringen. Dazu kommt die Notwendigkeit von interdisziplinären Teams, bei denen verschiedene Ausbildungshintergründe, Erfahrungen und Kompetenzen zusammen kommen. Ein offenes Innovationsklima in den IT-Organisationen, das Kollaboration und Freiräume erlaubt, ist ebenso erforderlich wie innovationsorientierte Anreizsysteme. So sollte es eine Organisation beispielsweise verkraften können, dass Innovationsprojekte abgebrochen werden, weil sich wider Erwarten kein Marktpotenzial abzeichnet. Das sollte als Lernerfahrung und nicht als Misserfolg interpretiert werden.

Nachdem Konzepte für Geschäfts- und Wertschöpfungsmodell-Innovationen entwickelt wurden, sind diese einer Umsetzung zuzuführen. Dabei kommt der detaillierten fachlichen und technischen Spezifikation *(„Design")* als Grundlage für die spätere Entwicklung eine besondere Rolle zu. Es ist zu beobachten, dass (vor allem junge) IT-Anwender immer weniger bereit sind, Abstriche im Bereich der Gestaltung von Benutzeroberflächen zu akzeptieren. Vielfach werden Erfahrungen im Umgang mit Endgeräten und Applikationen für Konsumenten auf betriebliche Informationssysteme übertragen. Anwender erwarten eine ähnliche

einfache Bedienung, die (nahezu) keine Schulung erfordert, sowie eine kontinuierliche Weiterentwicklung und Verbesserung von Systemen in kurzen Zeitinter-
vallen. In ähnlicher Weise erfordert die Wettbewerbsintensität in vielen Branchen
die schnelle Bereitstellung neuer Lösungen. Aus diesen Gründen ist es für Unternehmen erfolgsentscheidend, schnell funktionsfähige Systeme entwickeln zu können, die eine hohe Akzeptanz bei den Anwendern genießen. Während dem Design
von IT-Lösungen eine zentrale Rolle zukommt, verliert die Softwareentwicklung
selbst an Bedeutung. Hier stehen spezialisierte Dienstleister zur Verfügung, die
zwar oft nicht das notwendige Branchen-Know-how und die oben skizzierte Inno-
vationskompetenz haben, aber aufgrund spezifischer Technologiekenntnisse und
Projekterfahrung auf Basis präziser Vorgaben effizient und auch kostengünstig
Lösungen implementieren können. Diese Technologie- und Projektkompetenz
kann von externen Anbietern oft besser entwickelt und aufrechterhalten werden,
weil sie Skaleneffekte durch die Zusammenarbeit mit einer Vielzahl von Kunden
erzielen können. Damit wird es für viele Unternehmen immer weniger attraktiv,
Ressourcen für die technische Realisierung innovativer IT-Lösungen vorzuhalten.
So wird die Design-Kompetenz zukünftig mehr denn je erfolgsentscheidend sein.

Um den Design-Prozess erfolgreich abwickeln zu können, werden interdisziplinäre Teams unter Einbindung von Partnern, agile Projektmanagement-Prinzipien
und Design-Thinking-Ansätzen sowie die frühzeitige Involvierung der späteren
Entwicklungspartner erforderlich sein. Die Gestaltung von innovativen, kundenorientierten IT-Lösungen sollte in interdisziplinären Teams erfolgen, da fachliche
Expertise aus verschiedenen Bereichen notwendig sein wird. Meist sind profunde
Marktkenntnisse, Technologie-Know-how, Wissen hinsichtlich der Unternehmensarchitektur sowie Geschäftsprozesskenntnisse und Projektmanagementkom-
petenz erforderlich. Oftmals ist dieses Wissen nicht vollständig im Unternehmen
vorhanden, weswegen Partnernetzwerke zur Kollaboration genutzt werden sollten, um integrierte und abgestimmte Lösungen entwickeln zu können. Der Prozess der Lösungsentwicklung kann durch die Design-Thinking-Methode
bereichert werden, die für die Lösung komplexer Design-Fragestellungen in interdisziplinären Teams entwickelt wurde.[4] Agile Projektmanagement-Prinzipien sind
ebenfalls in Betracht zu ziehen. So kann die Zeit bis zur erstmaligen Nutzung von
Lösungen verkürzt und damit der Wertbeitrag gesteigert werden. Um zu vermeiden, dass der spätere Entwicklungspartner oder aber eigene Entwickler die
Lösung und die mit der Lösung verfolgten Zielsetzungen nicht verstehen, sollten
die Entwickler möglichst frühzeitig in den Design-Prozess involviert werden.

---

[4]Hilbrecht H, Kempkens O (2013) Design Thinking im Unternehmen – Herausforderung
mit Mehrwert. Springer Gabler, Wiesbaden.

Insbesondere dann, wenn nach agilen Projektmanagement-Prinzipien gearbeitet werden soll, ist dies unabdingbar, weil hier Design und Realisierung überlappend durchgeführt werden.

Die Umsetzung der zuvor konzipierten IT-Lösungen erfordert schließlich Anpassungen aufseiten der Fachbereiche und der IT-Organisation, die aufgrund ihrer weitreichenden Natur hier als Transformation bezeichnet werden *(„Transform")*. So erfordern neue Geschäftsmodelle vielleicht gänzlich neue Organisationsstrukturen und -prozesse in den Bereichen Vertrieb, Service und Logistik. Um solche Transformationen erfolgreich durchführen zu können, sind Implementierungsprojekte oder -programme, Governance-Strukturen und Controlling-Systeme sowie ein umfangreiches Veränderungsmanagement in den Fachbereichen erforderlich. Aufseiten der IT-Organisation ist zunächst sicherzustellen, dass die IT-Lösungen technisch realisiert werden, was üblicherweise im Rahmen eines Projekts erfolgt. Dabei ist die gesamte Unternehmensarchitektur zu berücksichtigen; das heißt es ist eine möglichst nahtlose Integration in die bestehende IT-Infrastruktur- und Applikationslandschaft anzustreben. Gleichzeitig ist zu beachten, dass Anpassungen in Hinblick auf Betriebs-, Wartungs- und Support-Prozesse notwendig sein können. So kann es beispielsweise erforderlich werden, einen Anforderungsmanagement-Prozess zu etablieren oder den bestehenden anzupassen, damit neue Lösungen von der Kundenanfrage bis hin zur Übergabe an den Kunden vollumfänglich und integriert gesteuert werden. Diese Veränderungen erfordern vielfach einen gezielten Aufbau von spezifischen Kenntnissen und Fähigkeiten bei den Mitarbeitern, was durch entsprechende Schulungs- und Weiterbildungsmaßnahmen realisiert werden kann. Darüber hinaus kann es notwendig sein, Governance-Strukturen so zu verändern, dass das Management im Sinne der Geschäfts- oder Wertschöpfungsmodell-Innovationen agiert. Hierbei ist es beispielsweise wichtig, die Rollen und Verantwortlichkeiten für die angepassten Prozesse neu zu prüfen und auch diese, wo es notwendig ist, anzupassen. Weiterhin sind Controlling-Systeme von Bedeutung, um den Fortschritt der Transformation und ihren Zielerreichungsgrad zu messen. Dabei können beispielsweise Kennzahlen im Bereich des Anforderungsmanagements Aufschluss darüber geben, wie lange bestimmte Prozessabschnitte dauern oder welche Kosten für die Anforderungsumsetzung angefallen sind. Auf der Seite der Fachabteilungen sind parallel die geplanten Geschäfts- und Wertschöpfungsmodell-Innovationen organisatorisch zu implementieren. Dies wird zu veränderten Geschäftsprozessen und Organisationsstrukturen führen. Aufgrund des Umfangs der Änderungen wird ein systematisches Veränderungsmanagement notwendig sein, um die Mitarbeiter im Rahmen der Veränderung „mitzunehmen", da nur so Widerstände bei Mitarbeitern minimiert und eine reibungslose Umsetzung realisiert werden können. Die

IT-Organisation kann bei diesen Veränderungen unterstützen, da die Geschäftsprozesse eng mit den betroffenen Informationstechnologien verbunden sind.

Fähigkeiten der IT-Organisation der Zukunft

Die Weiterentwicklung der Unternehmens-IT in Richtung *Innovate-Design-Transform* ist kein einfacher Prozess. Die notwendigen Veränderungen sind weitreichend und betreffen viele Aspekte der IT- und Business-Organisation. So sind neue Strukturen zu schaffen, Prozesse anzupassen, Kompetenzen aufzubauen und auch ein Kulturwandel einzuleiten. Aus wissenschaftlicher Sicht können diese Veränderungen als Prozess des Aufbaus von organisationalen Fähigkeiten („Capabilities") verstanden werden, die es einem Unternehmen erlauben, sich vom Wettbewerb zu differenzieren. Solche Fähigkeiten sind nur langfristig zu entwickeln, oft schwer zu imitieren, kaum substituierbar und rar. Es ist daher nicht überraschend, dass es in vielen Branchen bislang nur wenige Unternehmen wirklich verstehen, die Chancen der Digitalisierung für sich zu nutzen und hieraus nachhaltige Wettbewerbsvorteile abzuleiten. Somit ergeben sich die folgenden Implikationen für das Management der Transformation: Erstens ist zu akzeptieren, dass der Transformationsprozess nicht im Kontext eines einmaligen begrenzten Projektes vollzogen werden kann. Vielmehr bedarf es einer langfristigen Initiative, damit die notwendigen Fähigkeiten entwickelt werden können. Zweitens darf die Transformation nicht als rein technologische Initiative interpretiert werden. Stattdessen betrifft sie nahezu alle Bereiche des strategischen wie operativen Managements. In vielen Fällen sind weitreichende Veränderungen in Hinblick auf das Wertesystem und das Verhalten der Mitarbeiter erforderlich, sodass auch mit potenziellen Widerständen zu rechnen ist. Dies unterstreicht die besondere Rolle eines umsichtigen Veränderungsmanagements. Drittens erfordert die Digitale Transformation eine Außenorientierung. Diese ist zum einen notwendig, um frühzeitig relevante marktorientierte und technologische Entwicklungen zu identifizieren und in der Folge analysieren zu können. Zum anderen erfordert die Digitale Transformation oft Kompetenzen und Ressourcen, die kurz- oder mittelfristig nur von erfahrenen Partnern beigesteuert werden können.

Für IT-Organisationen wird es zunehmend leichter, nicht differenzierende Teile ihrer Wertschöpfungskette mit geringen Friktionen an externe Partner abzugeben und somit eine Konzentration auf wettbewerbsentscheidende Aktivitäten einzuleiten. Diese wettbewerbsentscheidenden Aktivitäten ergeben sich aus den Schwerpunktsetzungen der IT-Organisation der Zukunft. Sie betreffen beispielsweise die Innovations- und Designkompetenz, die Fähigkeit Lieferanten, Partner und Dienstleister auszuwählen und zu steuern sowie eine nachhaltig flexible und kostengünstige Unternehmensarchitektur zu entwickeln und zu pflegen. Dabei stehen technische Aktivitätsfelder wie Entwicklung und Betrieb weniger im Mittelpunkt. Stattdessen gewinnen Analysetätigkeiten, kreative Prozesse und Steuerungsprozesse an Bedeutung. Diese Entwicklung geht auch mit einem Kulturwandel einher.

Überblick: Entwicklung und Betrieb nicht entscheidend

- Die Unternehmens-IT ist in der Digitalen Transformation gefordert, proaktiv im Innovationsprozess mitzuwirken.
- Viele IT-Organisationen werden dieser Rolle jedoch noch nicht gerecht, da sie häufig als bürokratisch, wenig flexibel und nicht auf Augenhöhe mit den Fachabteilungen wahrgenommen werden.
- Im Rahmen der IT-Industrialisierung entwickelte sich das IT-Management von *Plan-Build-Run* zu *Make-Source-Deliver.*
- Das industrialisierte IT-Management kommt in der Digitalen Transformation an seine Grenzen.
- Anforderungen an ein neues IT-Management-Paradigma sind Innovationsfähigkeit, Gestaltungsfähigkeit und Transformationsfähigkeit.
- Entsprechend schlagen wir *Innovate-Design-Transform* als neues IT-Management-Paradigma vor.
- Zukünftig müssen IT-Organisationen neue Fähigkeiten entwickeln; Entwicklung und Betrieb sind nicht mehr entscheidend.

Literatur

Grots A, Pratschk M (2009) Design Thinking – Kreativität als Methode. Market Rev St. Gallen 26(2):18–23

Hilbrecht H, Kempkens O (2013) Design Thinking im Unternehmen – Herausforderung mit Mehrwert. Springer Gabler, Wiesbaden

Koch P, Ahlemann F, Urbach N (2016) Die innovative IT-Organisation in der digitalen Transformation: von Plan-Build-Run zu Innovate-Design-Transform. In: Helmke S, Uebel M (Hrsg) Managementorientiertes IT-Controlling und IT-Governance, 2. Aufl. Springer Gabler, Berlin: S. 177–196

Zarnekow R, Brenner W, Pilgram U (2005) Integriertes Informationsmanagement – Strategien und Lösungen für das Management von IT-Dienstleistungen. Springer, Heidelberg

Schatten-IT als gelebte Praxis – IT-Innovationen werden in interdisziplinären Teams in den Fachabteilungen erarbeitet

Die meisten IT-Projekte werden heute nach wie vor durch die Fachbereiche der Unternehmen initiiert und reaktiv durch die IT-Organisationen umgesetzt. Aufgrund verhältnismäßig langsamer Abstimmungs- und Umsetzungsprozesse sowie langer Entwicklungszyklen sind die resultierenden IT-Lösungen oftmals wenig innovativ und haben selten disruptiven Charakter. Die Unternehmens-IT wird folglich eher als träger Dienstleister denn als kreativer Innovator wahrgenommen. Durch den gestiegenen Veränderungsdruck der Digitalen Transformation sowie die immer komfortableren Sourcing-Möglichkeiten des Cloud-Computings werden die Fachbereiche in zunehmendem Maße im Hinblick auf IT-Lösungen selbstständig und ohne Einbindung der Unternehmens-IT aktiv. Als Resultat entsteht das Phänomen der sogenannten „Individuellen Datenverarbeitung" oder auch „Schatten-IT", welches vor allem hinsichtlich Compliance-, Security- und Architekturanforderungen als problematisch angesehen wird. In diesem Zusammenhang stellen wir uns die Frage, ob diese Trennung von IT und Business vor dem Hintergrund der Digitalisierung überhaupt noch zeitgemäß ist. Wir kommen dabei zum Schluss, dass IT-Innovationen idealerweise dort entstehen sollten, wo sie später auch zum Einsatz kommen werden – nämlich in den Fachabteilungen. Hierzu sollten Experten aus allen relevanten Bereichen beteiligt sein und zusammenarbeiten. Dadurch wird die „offizielle Schatten-IT" zur gelebten Praxis. In diesem Kapitel diskutieren wir das Phänomen der Schatten-IT und stellen unsere Sicht auf das zukünftige Zusammenarbeitsmodell zwischen der IT-Organisation und den Fachbereichen dar.

© Springer-Verlag Berlin Heidelberg 2016
N. Urbach und F. Ahlemann, *IT-Management im Zeitalter der Digitalisierung*,
DOI 10.1007/978-3-662-52832-7_5

Schatten-IT als Reaktion auf (zu) lange Umsetzungsprozesse

In vielen Unternehmen werden IT-Projekte (mit Ausnahme von Basis-Infrastruktur-Projekten) primär durch Projektvorschläge seitens der Fachbereiche initiiert. Durch dieses Vorgehen entstehen oftmals mehr Projektideen als in einem Betrachtungszeitraum aus Ressourcengründen tatsächlich seitens der IT-Organisation umgesetzt werden können. Entsprechend bedarf es einer Priorisierung der Projektvorschläge. An dieser Stelle kommt das IT-Projektportfoliomanagement ins Spiel, das nach verschiedenen Kriterien wie Strategiebeitrag, Amortisation oder Risiko eine Auswahl an Projektvorschlägen vornimmt, die dann in konkrete Projektvorhaben überführt werden. Vor der Projektrealisierung wird meist eine umfangreiche Anforderungsanalyse durchgeführt, gefolgt von der technischen Implementierung sowie technischen und fachlichen Tests. Je nach Projektvolumen ist der Zeitraum zwischen der Idee für ein Projektvorhaben und dem einsatzfähigen Projektergebnis („Time-to-Market") durch lang andauernde Abstimmungs- und Umsetzungsprozesse recht hoch. Zudem treten aufgrund der traditionell strikten organisatorischen Trennung Probleme in der Abstimmung zwischen IT und Business auf, was die Qualität der Projektergebnisse negativ beeinflusst. Entsprechend sind die resultierenden IT-Lösungen meist wenig innovativ, was dann den IT-Organisationen zur Last gelegt wird.

Im Zeitalter der Digitalisierung werden jedoch die schnelle und zuverlässige Konzeption und Implementierung von IT-basierten Produkten und Dienstleistungen zur geschäftskritischen Aufgabe. In Fällen, in denen die Fachbereiche der IT-Organisation die Lösungskompetenz nicht zutrauen, der erwartete Umsetzungszeitraum zu lange dauert oder der eingebrachte Projektvorschlag erst gar nicht im IT-Projektportfolio Berücksichtigung findet, werden die Fachbereiche in zunehmendem Maße selbstständig aktiv. Auslöser ist meist der gestiegene Veränderungsdruck der Digitalen Transformation, der auf den Fachbereichen lastet. Zur Sicherstellung ihres Markterfolgs sehen sich diese gezwungen, digitale Technologien zur Verbesserung ihrer Abläufe einzusetzen und mit neuen IT-basierten Produkten und Dienstleistungen an den Markt zu gehen. Hinzu kommt der gegenwärtige Trend zur IT-Konsumerisierung. Innovative IT-Lösungen sind heutzutage oft zunächst im Privatkontext zu finden, bevor sie im Geschäftskontext eingesetzt werden, weshalb das Bedürfnis und die Nachfrage nach dem unternehmensinternen Einsatzes von IT-Innovationen seitens der Nutzer sehr viel höher sind als noch vor wenigen Jahren. Gleichzeitig vereinfachen Entwicklungen wie das Cloud Computing oder auch branchenspezifische Prozessstandardisierungen die Auslagerung von Elementen der IT-Wertschöpfungskette. Das Management von IT-Infrastrukturen, die Entwicklung neuer Software sowie der

IT-Betrieb können somit vergleichsweise unkompliziert spezialisierten Anbietern überlassen werden, welche notwendige Kompetenzen vorhalten und Skaleneffekte realisieren können. Als Resultat dieser Entwicklungen entsteht das Phänomen der „Schatten-IT", also der Betrieb von IT-Systemen oder -Prozessen innerhalb der Fachbereiche eines Unternehmens, losgelöst von der offiziellen IT-Infrastruktur und außerhalb der Kontrolle der IT-Organisation. Der Begriff „Schatten-IT" impliziert bereits, dass ein solcher inoffizieller Einsatz von Informationssystemen eher negativ konnotiert ist. Gleichzeitig bietet eine Schatten-IT aus Gesamtunternehmenssicht aber auch Chancen.[1]

Kontrollierter Umgang mit Schatten-IT nach Abwägung von Chancen und Risiken

Die Tatsache, dass das IT-Management dem Entstehen von Schatten-IT in aller Regel kritisch gegenübersteht und es versucht, entsprechende inoffizielle IT-Aktivitäten aufseiten der Fachbereiche zu unterbinden, ist zunächst wenig überraschend. Dadurch, dass Schatten-IT entsprechend ihrer Definition ohne Kenntnis der IT-Organisation betrieben wird, fehlt dem IT-Management folglich jegliche Kontrolle darüber. Die eingesetzten Lösungen werden weder technisch noch strategisch in das IT-Service-Management der Organisation eingebunden. Aus dem Einsatz einer Schatten-IT resultieren sowohl technologische, als auch prozessbezogene sowie Geschäfts- und Führungsrisiken.[2] Die technologischen Risiken bestehen darin, dass durch eine Schatten-IT ungetestete und potenziell unsichere IT-Komponenten im Unternehmenskontext eingesetzt werden, die im Zweifel nicht einmal für diesen Kontext entwickelt wurden. Durch die Nichteinbindung der Unternehmens-IT wird meist weder die Datensicherheit noch der Datenschutz sichergestellt. Bei technischen Ausfällen und Betriebsunterbrechungen kann zudem auch keine Betriebsweiterführung seitens der IT-Organisation gewährleistet werden. Die Risiken hinsichtlich der IT- und Unternehmens-Prozesse bestehen unter anderem darin, dass durch ein Einsatz einer Schatten-IT das IT-Architekturmanagement ausgehebelt

---

[1]Twentyman J (2016) CIOs start to view ‚shadow IT' as a catalyst for innovation, Global Intelligence for the CIO, Jan. 2016. http://www.i-cio.com/innovation/consumerization/item/how-cios-start-to-view-shadow-it-as-a-catalyst-for-innovation. Zugegriffen: 30. Apr. 2016.

[2]Lubich H (2013) Chancen und Risiken im Umgang mit der Schatten-IT, swiss ICT Magazin, 8. Juli 2013. http://www.fhnw.ch/technik/imvs/publikationen/artikel-2013/chancen-und-risiken-im-umgang-mit-der-schatten-it. Zugegriffen: 30. Apr. 2016.

wird und seine Effektivität stark mindert. Im Falle von Problemen auf Benutzerseite werden Schatten-IT-Anwendungen definitionsgemäß nicht vom IT-Support betreut, was üblicherweise mittelfristig einen negativen Einfluss auf die Benutzerzufriedenheit hat. Des Weiteren können die etablierten, geschäftsrelevanten Abläufe nicht mehr „Ende-zu-Ende" überwacht werden. Das kann vor allem dann zu Konflikten führen, wenn die betroffenen Prozesse die Compliance-Regeln des Unternehmens verletzen. Nicht zuletzt bestehen die Geschäfts- und Führungsrisiken einer Schatten-IT darin, dass die Unternehmens-IT ihre Verantwortung für die Geschäftsunterstützung nicht mehr vollständig wahrnehmen kann. Sie verliert dadurch nicht nur die Kontrolle über die IT-Landschaft, sondern büßt auch ein Teil ihrer Macht im Unternehmen ein. Des Weiteren kann die Beschäftigung von Mitarbeitern in den Fachabteilungen mit IT-Themen auch negative Auswirkungen auf den Gesamterfolg des Unternehmens haben, da sich diese Mitarbeiter nicht mehr in gleichem Maße ihren eigentlichen Hauptaufgaben widmen können.

Nachdem der Einsatz von Schatten-IT längere Zeit vor allem von seiner negativen Seite betrachtet wurde, werden gerade in jüngerer Zeit auch die damit verbundenen Chancen diskutiert.[3] Hier ist zunächst die hohe IT-Innovationsrate einer Schatten-IT zu nennen. In Fällen, in denen die Fachbereiche einen Nutzen durch den Einsatz neuer Informationstechnologie sehen, führen sie flexibel und agil einfach selbst eine entsprechende IT-Lösung ein, ohne die langwierigen Entscheidungs- und Umsetzungsprozesse der Unternehmens-IT durchlaufen zu müssen. Da die Fachbereiche meist sehr aufgabenorientiert an die erforderlichen Entwicklungsprozesse herangehen, sind die resultierenden Lösungen entsprechend gut auf die internen Prozesse ausgerichtet. In der Regel adressieren die Systeme einer Schatten-IT sehr gut die Bedürfnisse der Benutzer, nicht selten besser als es die durch die Unternehmens-IT entwickelten Systeme tun. Daher dürften solche Systeme außerhalb des Störfalls zunächst zu einer höheren Zufriedenheit mit der allgemeinen IT-Unterstützung führen, jedoch nicht zwangsläufig mit der IT-Organisation.

Vor dem Hintergrund, dass die Entstehung einer Schatten-IT nicht nur erhebliche Risiken mit sich bringt, sondern auch Chancen für das Unternehmen bietet, stellt sich die Frage, wie damit umzugehen ist, um das „globale Maximum" für das Gesamtunternehmen zu erreichen. Noch vor wenigen Jahren wäre der übliche Ansatz einer IT-Organisation gewesen, das Aufkommen von Schatten-IT mit rigorosen Kontrollmechanismen so weit wie möglich zu unterbinden. Durch den gestiegenen IT-Innovationsdruck kommt die IT-Organisation durch eine solche

---

[3]Rentrop C, Laak O van, Mevius M (2011) Schatten-IT: ein Thema für die Interne Revision? Revisionspraxis 2011(2):68–75.

sehr einseitige Bewertung jedoch in ein Dilemma. Ein striktes Unterdrücken von Schatten-IT erstickt innovatives Verhalten der Fachbereiche im Keim. Folglich wird die IT-Organisation in noch stärkerem Maße als unflexibler und langsamer Dienstleister und nicht als kreativer Innovator wahrgenommen. Hinzu kommt die Tatsache, dass die Fachbereiche in vielen Unternehmen mehr Macht genießen als die IT-Organisation. Sie würden daher nicht selten trotz offizieller Verbote ihre eigenen IT-Lösungen entwickeln und betreiben, sofern sie sich nicht optimal durch die Unternehmens-IT versorgt fühlen. Entsprechend gilt es für das IT-Management, den Spagat zwischen Flexibilität und Kontrolle zu bewerkstelligen, um eine tragbare Lösung für das eigene Unternehmen zu finden. Um die negativen Effekte der Schatten-IT zu minimieren und möglichst viele der positiven Effekte zu realisieren, wird daher in der Regel empfohlen, die Schatten-IT aus dem verborgenen Bereich zu holen und kontrolliert zu „legalisieren".[4,5]

In Zukunft entstehen IT-Innovationen durch enge Zusammenarbeit von Business und IT

Wir teilen die Einschätzung, dass gerade vor dem Hintergrund der neuen Herausforderungen, die im Rahmen der Digitalen Transformationen auf die Unternehmen zukommen, versucht werden sollte, das Phänomen der Schatten-IT zu nutzen. Wir möchten aber noch einen Schritt weiter gehen und die Frage stellen, wieso eine Schatten-IT überhaupt auftritt. Einer der wesentlichen Gründe liegt ganz offensichtlich in der „künstlichen" Trennung von IT und Business. Noch bis zum Zeitalter der IT-Industrialisierung war eine solche Trennung auch durchaus sinnvoll (siehe Kap. 2). Die Unternehmens-IT war in ihren frühen Jahren durch ein sehr hohes Maß an Technik-Orientierung und Spezialisierung geprägt. Des Weiteren gab es verhältnismäßig wenig Berührungspunkte mit den Fachbereichen, die über sehr formalisierte Schnittstellen abgewickelt wurden. Heute verfügen die Fachbereiche jedoch vermeintlich über hinreichend IT-Know-how. Nur so ist der gegenwärtige „Trend" zur Schatten-IT zu erklären. Des Weiteren ist Informationstechnologie bereits heute integraler Bestandteile der Prozesse der Fachseite, was zukünftig sogar noch mehr der Fall sein wird. Auf der anderen Seite

---

[4]Saat J, Dirding P (2016) „Legalize IT" – Sinnvoller Umgang mit Schatten-IT, BANKING HUB, Jan. 2016. https://bankinghub.de/banking/technology/legalize-it-sinnvoller-umgang-mit-schatten-it. Zugegriffen: 30. Apr. 2016.
[5]Seidel B (2014) Schatten-IT ist Notwehr, Computerwoche, 2. Jan. 2014. http://www.computerwoche.de/a/schatten-it-ist-notwehr,2546588. Zugegriffen: 30. Apr. 2016.

werden klassische IT-Aufgaben wie etwa der IT-Betrieb zu Commodity-Services (siehe Kap. 4). So erscheint die etablierte Trennung zwischen IT und Business im Kontext der Digitalen Transformation zumindest hinterfragenswert.

Wir sind der Meinung, dass IT-Innovationen idealerweise dort entstehen sollten, wo sie später auch zum Einsatz kommen werden – nämlich in den Fachabteilungen. Entsprechend gehen wir davon aus, dass in der Zukunft applikationsbezogene IT-Fachexperten in den Fachbereichen vor Ort gemeinsam mit den Anwendern zusammenarbeiten. Entsprechen werden IT und Business durch eine enge Zusammenarbeit am Ort der IT-Nutzung verschmelzen. Die Entwicklung von IT-Systemen sowie IT-basierten Produkten und Dienstleistungen wird in interdisziplinären Teams erfolgen. Auch die nachgelagerte Anwendungsbetreuung und -weiterentwicklung wird durch solche gemischten Teams durchgeführt. Lediglich der Betrieb von Basisinfrastrukturdiensten wird noch durch die klassische Unternehmens-IT, wie sie derzeit üblich ist, wahrgenommen. Dadurch wird die „offizielle Schatten-IT" zur gelebten Praxis. Durch die enge Verzahnung von IT und Business kann die IT-Organisation tatsächlich ihre Rolle als IT-Innovator wahrnehmen und unter dem Einbezug agiler Softwareentwicklungsmethoden und mit klarer Endbenutzerfokussierung innovative IT-Lösungen hervorbringen (siehe Kap. 7). Entsprechend können durch einen solchen Zusammenarbeitsmodus die Chancen einer Schatten-IT realisiert werden. Gleichzeitig müssen die notwendigen Voraussetzungen zur Minimierung der damit verbundenen Risiken geschaffen werden. Hierzu gehören unter anderem die Beherrschung der mit der Digitalisierung verbundenen Sicherheitsrisiken (siehe Kap. 9), die Entwicklung flexibler und transformierbarer IT-Landschaften (siehe Kap. 10) sowie die Etablierung geeigneter Führungsstrukturen (siehe Kap. 11).

Gemeinsame Innovationstätigkeit erfordert Umdenken

In Organisationen, in denen die Digitalisierung bereits weit fortgeschritten ist, hat sich die Unternehmens-IT oft schon anders positioniert, arbeitet sehr viel enger mit den Fachbereichen zusammen und übernimmt nicht selten eine federführende Rolle bei der Digitalen Transformation.[6] Der Großteil der Unternehmen hat diese Umstellungsphase jedoch noch vor sich. An dieser Stelle halten wir es für wichtig, zu betonen, dass es mit kleineren, inkrementellen Veränderungen nicht getan ist. Die gemeinsame Innovationstätigkeit unter Beteiligung von IT und Business erfordert ein Umdenken und ist mit einem signifikanten Wandel verbunden.

---

[6]Moutafis J (2015) Eine neue Rolle für die IT, Channel Partner, 19. Nov. 2015. http://www. channelpartner.de/a/eine-neue-rolle-fuer-die-it,3218354. Zugegriffen: 30. Apr. 2016.

Dieser Wandel umfasst zum einen eine Reorganisation der betroffenen Abteilungen, die sich organisatorisch im Hinblick auf die neue Aufgabenteilung aufstellen müssen. Hierfür wird es sicherlich kein Patentrezept geben, das für alle Unternehmen gleichermaßen funktionieren wird. Die konsequenteste Umsetzung der „offiziellen Schatten-IT" sehen wir jedoch in der Auflösung der Abteilungsgrenzen und der Etablierung eines zentralen Vorstandsressorts „Digitalisierung", welches sich im Wesentlichen auf Führungs- und Steuerungsaufgaben konzentriert (siehe Kap. 11). Wie wir im vorherigen Kapitel beschrieben haben, halten wir des Weiteren einen Paradigmenwechsel für unerlässlich. Da das industrialisierte IT-Management in der Digitalen Transformation an seine Grenzen stößt, ist die Unternehmens-IT angehalten, neue Fähigkeiten zu entwickeln. Dabei werden die klassischen Aufgaben wie Softwareentwicklung und Systembetrieb immer unbedeutender. Die Anforderungen an ein neues IT-Management-Paradigma liegen unserer Meinung nach vor allem in der Innovationsfähigkeit, Gestaltungsfähigkeit und Transformationsfähigkeit (siehe Kap. 4).

Aber nicht nur die IT-Organisation muss sich auf den Wandel einstellen, auch für die IT-Mitarbeiter selbst wird sich in einem solchen Modell einiges verändern. Mit einem zunehmenden Verschwimmen der Abteilungsgrenzen zwischen den Fachbereichen und IT-Abteilungen wird aufseiten der Mitarbeiter vor allem Schnittstellenkompetenz an Bedeutung gewinnen. In diesem Zusammenhang wird es immer wichtiger werden, dass die IT-Mitarbeiter nicht nur die Sprache der Technologen, sondern auch die des Business verstehen und selbst beherrschen. Reine Techniker werden für die interdisziplinäre Zusammenarbeit weniger gebraucht, da vor allem die Identifikation, Konzeption und Gestaltung von innovativen, IT-basierten Lösungen mit unmittelbarem Geschäftsnutzen im Vordergrund stehen. Die technische Implementierung dieser Lösungen kann anschließend problemlos einem Dienstleister überlassen werden (siehe Kap. 8).

Für die IT-Führung hat die skizzierte organisatorische Veränderung die Notwendigkeit zur Klärung der Machtfrage zur Folge. Wie bereits bei den Risiken einer Schatten-IT erläutert, sind die fachbereichsgetriebenen IT-Aktivitäten in der Regel mit einem Machtverlust verbunden. Auch hierbei entsteht eine Dilemma-Situation. Auf der einen Seite ist es nicht unwahrscheinlich, dass bei einer echten Verschmelzung der Aufgaben von IT und Business der CIO oder IT-Leiter seinen Einfluss und vermutlich auch einen Großteil seines Personals an das Business verliert. Auf der anderen Seite bekommen die Fachverantwortlichen deutlich mehr Handlungsspielraum, gleichzeitig aber auch mehr Verantwortung für das Thema IT. Entsprechend benötigen die Fachbereiche auch Führungskräfte mit dem notwendigen IT-Know-how. Die benötigten Mitarbeiterfähigkeiten sind jedoch sehr rar auf dem Markt, mit den entsprechenden Implikationen für das Personalmanagement des Gesamtunternehmens (siehe Kap. 12).

Co-Location als Transitionsmodell zur legalen Schatten-IT

An dieser Stelle stellt sich die Frage, wie das vorgestellte Zusammenarbeitsmodell in der Praxis umgesetzt werden kann. Wir sind der Meinung, dass die skizzierten Veränderungen sehr einfach und direkt angegangen werden können, sofern der Wille dazu vorhanden ist. Ein bereits praktizierter Ansatz besteht in der Organisationsform „Co-Location", der aus unserer Sicht an dieser Stelle sehr gut als Transitionsmodell dienen könnte. Dieses Modell sieht vor, dass IT-Mitarbeiter „vor Ort" beim internen Fachbereichs-Kunden arbeiten, disziplinarisch aber der IT-Organisation zugeordnet bleiben. So arbeiten die „eingebetteten" Mitarbeiter oftmals als Demand Manager, fachliche Applikationsverantwortliche, Architekten oder Business Analysten, zum Teil aber auch als Softwareentwickler in agilen Softwareentwicklungsprojekten direkt auf der Fachseite. Entsprechend profitieren so aufgesetzte Projekte von einem verbesserten Business-IT-Alignment, verursacht durch ein besseres Demand Management und Requirements Engineering. Durch die enge Verzahnung bekommen die IT-Mitarbeiter einen guten Einblick in die Abläufe der Fachbereiche und verstehen hierdurch viel besser die Anforderungen und Bedürfnisse. Des Weiteren wird ihnen nicht selten auch mehr Vertrauen entgegen gebracht, als es bei tradierten und unpersönlichen Zusammenarbeitsmodellen der Fall ist. Ein späteres Aufgehen des Co-Location-Ansatzes in einen gemischten, auf der Fachseite verorteten Abteilungsansatz ist aber auch hier nicht ohne Herausforderungen. Wechseln die fachspezifischen IT-Experten irgendwann auch disziplinarisch auf die Businessseite, verliert die IT-Organisation entsprechendes Prozess-Know-how. Möglicherweise disqualifiziert sie sich hierdurch potenziell für die Digitale Transformation – sofern sie nicht an anderer Stelle einen klaren Wertbeitrag leistet.

Überblick: Schatten-IT als gelebte Praxis

- Verhältnismäßig langsame Abstimmungs- und Umsetzungsprozesse sowie lange Entwicklungszyklen lassen die IT-Organisation als träger Dienstleister denn als kreativer Innovator erscheinen.

- Aufgrund des gestiegenen Veränderungsdrucks und immer komfortablerer Sourcing-Möglichkeiten werden die Fachbereiche in zunehmendem Maße im Hinblick auf IT-Lösungen selbstständig aktiv.
- Als Resultat entsteht das Phänomen der Schatten-IT, welches meist als problematisch angesehen wird, gleichzeitig aber auch einen Treiber für Innovationen darstellen kann.
- Wir halten die Trennung von Business und IT für nicht mehr zeitgemäß, da IT-Innovationen dort entstehen sollten, wo sie später auch zum Einsatz kommen werden – nämlich in den Fachabteilungen.
- Wir glauben, dass in Zukunft IT-Innovationen durch eine enge Zusammenarbeit von Business und IT entstehen; dadurch wird die „offizielle Schatten-IT" zur gelebten Praxis.
- Der Ansatz der Co-Location kann als Transitionsmodell für die vorgeschlagene Organisationsänderung dienen.

Literatur

Lubich H (2013) Chancen und Risiken im Umgang mit der Schatten-IT, swiss ICT Magazin, 8. Juli 2013. http://www.fhnw.ch/technik/imvs/publikationen/artikel-2013/chancen-und-risiken-im-umgang-mit-der-schatten-it. Zugegriffen: 30. Apr. 2016

Moutafis J (2015) Eine neue Rolle für die IT, Channel Partner, 19. Nov. 2015. http://www.channelpartner.de/a/eine-neue-rolle-fuer-die-it,3218354. Zugegriffen: 30. Apr. 2016

Rentrop C, Laak O van, Mevius M (2011) Schatten-IT: ein Thema für die Interne Revision? Revisionspraxis 2011(2):68–75

Saat J, Dirding P (2016) „Legalize IT" – Sinnvoller Umgang mit Schatten-IT, BANKING HUB, Jan. 2016. https://bankinghub.de/banking/technology/legalize-it-sinnvoller-umgang-mit-schatten-it. Zugegriffen: 30. Apr. 2016

Seidel B (2014) Schatten-IT ist Notwehr, Computerwoche, 2. Jan. 2014. http://www.computerwoche.de/a/schatten-it-ist-notwehr,2546588. Zugegriffen: 30. Apr. 2016

Twentyman J (2016) CIOs start to view ‚shadow IT' as a catalyst for innovation, Global Intelligence for the CIO, Jan. 2016. http://www.i-cio.com/innovation/consumerization/item/how-cios-start-to-view-shadow-it-as-a-catalyst-for-innovation. Zugegriffen: 30. Apr. 2016

Innovationen durch Netzwerke – Aus strategischen Lieferanten werden Innovationspartner

Die Digitalisierung wird aus zwei Gründen eine stärkere Abhängigkeit von externen Partnern nach sich ziehen als je zuvor: Zum einen führt die schrittweise Verringerung der IT-Wertschöpfungstiefe zu einer Verlagerung von Aktivitäten nach außen. Schlagworte sind in diesem Zusammenhang IT-Outsourcing und Cloud Computing. Zum anderen erfordert die Digitalisierung von vielen Unternehmen Fähigkeiten und Kompetenzen, die noch nicht vorhanden sind. Diese könnten zwar selbst entwickelt werden – das erfordert jedoch Zeit, die selten verfügbar ist. Aus diesem Grund werden Partnerschaften und Netzwerke an Bedeutung gewinnen. So wird sich beispielsweise der Energiesektor nachhaltig durch Trends wie Smart-Grid- oder Smart-Home-Technologien verändern. Intelligente Systeme können auf Basis von Massendaten über das Nutzungsverhalten von Energieabnehmern nach relevanten Mustern suchen, um Energieverbräuche und die Energieerzeugung und -bereitstellung zu optimieren. Allerdings verfügen nur wenige Energieunternehmen über das notwendige IT-Know-how, um diese disruptiven Innovationen vollständig allein zu implementieren. In diesem Fall können strategische Partnerschaften mit Technologieunternehmen eine Option sein, um dem Kompetenzmangel zu begegnen. Im Folgenden beschreiben und diskutieren wir den Trend zu Innovationspartnerschaften. Dabei gehen wir zunächst auf die tradierten Sourcing-Strategien und deren Grenzen ein.

Klassisches IT-Sourcing mit Fokus auf Kosteneffizienz und Qualitätssteigerung

In der Vergangenheit war die Wertschöpfungstiefe vieler IT-Organisation vergleichsweise groß. Extern bezogen wurden lediglich Hard- und Software sowie punktuell Beratungs- und Entwicklungsdienstleistungen. Diese Situation hat sich in den vergangenen Jahren bereits grundlegend gewandelt. Viele Unternehmen

© Springer-Verlag Berlin Heidelberg 2016
N. Urbach und F. Ahlemann, *IT-Management im Zeitalter der Digitalisierung*,
DOI 10.1007/978-3-662-52832-7_6

haben Teile ihrer IT-Wertschöpfung an externe Partner abgegeben. Hierzu gehören beispielsweise der Betrieb von IT-Infrastrukturen, der Service Desk oder auch die Anwendungsentwicklung. Dieser Trend wird unter dem Begriff IT-Outsourcing subsumiert und hat sich im Laufe der vergangenen zwei Jahrzehnte zu einer etablierten Beschaffungsoption des Strategischen IT-Managements entwickelt. Er spiegelt sich in den kontinuierlich ansteigenden Wachstumsraten des Outsourcing-Marktes wieder. So gab beispielsweise die Information Services Group bekannt, dass im Jahr 2014 das weltweite, jährliche Vertragsvolumen im Outsourcing-Markt um 16 % auf 18,5 Mrd. EUR anstieg, während mit 1218 Verträgen (4 % Anstieg) das zweithöchste Ergebnis auf globaler Ebene überhaupt erzielt wurde.[1]

Unter IT-Outsourcing verstehen wir die Übergabe von allen oder Teilen der technischen und menschlichen Ressourcen sowie der Verantwortlichkeiten hinsichtlich der Bereitstellung von IT-Dienstleistungen an einen externen Anbieter im Rahmen von vertraglichen Vereinbarungen.[2] Der Nutzen, den Unternehmen im Allgemeinen mit IT-Outsourcing zu erzielen beabsichtigen, lässt sich in ökonomische, qualitative und technologische Nutzenpotenziale untergliedern. Welche der drei Nutzenpotenziale dabei im Vordergrund stehen, hängt von den jeweils spezifischen strategischen Zielen des IT-Managements ab. Die ökonomischen Nutzenpotenziale des IT-Outsourcings beziehen sich in der Regel primär auf eine Kostensenkung in der Leistungserbringung insbesondere durch Nutzbarmachung von Expertise und Skaleneffekten des externen Dienstleisters. Des Weiteren wird oft eine finanzielle Flexibilisierung der IT-Kosten angestrebt, indem Fixkosten der internen IT in volumenabhängige, variable Kosten aufseiten des Dienstleisters umgewandelt werden. Die qualitativen Nutzenpotenziale beziehen sich meist auf eine Erhöhung der Servicequalität. Diese kann vor allem durch den Zugang zu gut ausgebildeten Mitarbeitern sowie durch die Implementierung professioneller Prozesse im IT-Servicemanagement erreicht werden. Die technologischen Nutzenpotenziale zielen auf die Nutzbarmachung moderner Technologien ohne entsprechende Investitionen ab, die einer technologischen Veralterung aufgrund von dynamischen Veränderungen im IT-Umfeld entgegenwirken sollen.

---

[1]Information Services Group (2015) 2014 Starkes Jahr in EMEA – Mega Deals um 25 % gestiegen. 2. Febr. http://www.isg-one.com/DE/news/150202-DE.asp. Zugegriffen: 30. Apr. 2016.

[2]Clark TD Jr, Zmud RW, McCray GE (1995) The outsourcing of information services: transforming the nature of business in the information industry. J Inform Technol 10(4):221–237.

Diesen Nutzenpotenzialen gegenüberzustellen sind eine Steigerung der Transaktionskosten (vor allem verursacht durch die erforderliche Dienstleistersteuerung), ein Verlust an Flexibilität sowie konfliktäre Ziele des Dienstleisters und der auslagernden Organisation.[3] Trotz zahlreicher erfolgreicher Auslagerungen (von Teilen) der Unternehmens-IT war und ist das Thema IT-Outsourcing ständig von intensiven Nutzendiskussionen begleitet. Bereits Anfang der 1990er Jahre wurde erkannt, dass erfolgreiches Outsourcing kein Selbstläufer ist.[4] Obwohl eine Vielzahl von Unternehmen seitdem Erfahrungen mit dem Thema Outsourcing sammeln konnte, haben sich die grundsätzlichen Herausforderungen bis heute nicht geändert.[5] Gerade in jüngster Zeit wurde der Nutzen von IT-Outsourcing vermehrt infrage gestellt, oftmals im Zusammenhang mit Ankündigungen von Unternehmen, bestehende IT-Outsourcing-Verträge nach Ablauf ihrer Laufzeit nicht zu verlängern.[6]

Ein jüngerer, ebenfalls im starken Wachstum befindlicher Trend, ist das Cloud Computing (siehe Kap. 8 und 11). Die mit dem Cloud Computing verbundene Nutzung standardisierter externer IT-Services kann als Spezialfall des IT-Outsourcings verstanden werden, wenn entsprechende Services zuvor intern erbracht werden. Das Besondere am Cloud Computing ist, dass Dienste dynamisch abgerufen werden können (Elastizität; Angebot und Nachfrage werden dynamisch aneinander angepasst). Damit kommen zu den Vorteilen des Outsourcings eine Variabilisierung der Kosten und ein geringerer Vendor-Lock-in zum Tragen. Das bedeutet, dass der Provider einfacher gewechselt werden kann, insbesondere dann, wenn hochgradig standardisierte, homogene und einfache Dienste abgerufen werden (zum Beispiel Storage). Cloud Computing kommt deshalb vor allem dann infrage, wenn „Commodity IT" beschafft wird, die für das Unternehmen keinen besonderen differenzierenden Charakter hat.

---

[3]Grover V, Cheon MJ, Teng JTC (1996) The effect of service quality and partnership on the out-sourcing of information systems functions. J Manage Inform Syst 12(4):89–116.

[4]Lacity MC, Hirschheim R (1993) The information systems outsourcing bandwagon. Sloan Manage Rev 35(1):73–86.

[5]Buchwald A, Urbach N, Würz T (2014) IT-Outsourcing ist kein Selbstläufer. Wirtschaftsinformatik & Management 3:30–38.

[6]Tödtmann C (2013) Vorwärts im Rückwärtsgang – Insourcen ist profitabler als Outsourcen. WirtschaftsWoche. 27. März. http://blog.wiwo.de/management/2013/03/27/vorwarts-im-ruckwartsgang-insourcen-ist-profitabler-als-outsourcen-meint-it-organisationsprofi-robin-protzmann/. Zugegriffen: 30. Apr. 2016.

Damit folgen die meisten heutigen IT-Organisationen einem einfachen wie zunächst überzeugendem Paradigma: Nicht differenzierende Teile der IT-Wertschöpfungskette können und sollten durch externe Dienstleister erbracht werden, die über mehr Kompetenz verfügen, kostengünstiger arbeiten, Risiken besser beherrschen und eine Konzentration auf die eigentlichen strategischen Themen erlauben. Diese Maxime wird oft auch von großen Unternehmen verfolgt, allerdings werden hier nicht selten eigene Konzerngesellschaften für IT gegründet, da das IT-Service-Volumen so groß ist, dass sich eine Bündelung und eigene Leistungserstellung lohnt. Hier werden etwaige Skaleneffekte dann selbst realisiert.

Grundsätzlich glauben wir, dass sich dieser Trend zur Verkürzung der IT-Wertschöpfungsketten weiter fortsetzen wird, wobei es eine Verlagerung des spezifischen Outsourcing-Geschäfts zu unspezifischen, das heißt hochstandardisierten, Cloud-Angeboten geben wird. Grund dafür ist die weiter ansteigende Standardisierung auf den Ebenen IT-Infrastruktur, Anwendungen und Geschäftsprozessen. Diese Standardisierung verringert den Bedarf an unternehmensspezifischen Anpassungen und Integrationsaufwänden und erleichtert die Nutzung von Cloud-Lösungen. Allerdings wird es hierbei nicht bleiben. Zunehmend werden externe Organisationen auch als Partner an strategischen Projekten der Digitalisierung mitwirken.

Gemeinsame Innovationsarbeit mit ausgewählten Partnern

Die zunehmende Innovationstätigkeit auf Basis von neuen Informations- und Kommunikationstechnologien erfordert von tradierten IT-Organisationen neue Fähigkeiten. Neben der grundsätzlichen Befähigung, effiziente und effektive Innovationsprozesse zu etablieren, werden neue technologische Kompetenzen erforderlich, die viele Organisationen heute nicht haben. Technologietrends, wie die Nutzung massiv skalierbarer Cloud-Infrastrukturen, Big Data, Predictive Data Analytics oder Machine Learning, erfordern Know-how, das oft nur spezialisierte Technologieanbieter vorhalten. Unternehmen, die auf Basis dieser Technologien und konzeptionellen Ansätze neue Produkte- und Dienstleistungen entwickeln wollen, stehen vor dem Problem, dass der interne Aufbau entsprechenden Wissens und entsprechender Fähigkeiten riskant und zeitaufwendig ist. Riskant ist er deshalb, weil nicht sichergestellt werden kann, dass die notwendige Expertise überhaupt geschaffen werden kann. Oftmals stehen notwendige Fachexperten nicht zur Verfügung und sind auch nicht einfach für ein Unternehmen gewinnbar.

Zeitaufwendig ist er deshalb, weil oftmals Forschungs- und Entwicklungsaktivitäten zu leisten sind, die mehrere Personenjahre Arbeit nach sich ziehen. Aus diesem Grund suchen Unternehmen andere Wege, Zugang zu den notwendigen Kompetenzen zu finden. Da der Aufkauf entsprechend spezialisierter Anbieter in vielen Fällen keine geeignete Option ist, kommen insbesondere Kooperationsmodelle in Betracht. In einer Partnerschaft auf Augenhöhe können beide Unternehmen ihr individuelles Know-how einbringen und gemeinsam Innovationen realisieren. Nicht-IT-Unternehmen liefern meist Marktzugänge und ein tiefer gehendes Kundenverständnis sowie Produktideen. Technologieunternehmen bringen die Fähigkeiten ein, entsprechende Lösungen zu implementieren. Als Beispiel sei hier der Automobilhersteller Volvo genannt, der eine Partnerschaft mit Microsoft mit dem Ziel begründet hat, neue Automobiltechniken zu entwickeln. So wird in diesem Kontext daran gearbeitet, Microsofts Augmented-Reality-Brille HoloLens im Verkauf einzusetzen. Auch soll gemeinsam an den Themen „Autonomes Fahren" und „Connected Car" gearbeitet werden.[7] Eine vergleichbare Kooperation hat Microsoft auch mit ThyssenKrupp begründet. Hier geht es um die Digitalisierung von Aufzügen, die künftig Zustandsdaten direkt in einer Cloud-basierten Softwarelösung ablegen, um Wartungsaktivitäten zu optimieren.[8]

Solche Partnerschaften können auch einen Netzwerkcharakter haben, sodass auch mehr als zwei Unternehmen an der Realisierung einer Innovationsidee beteiligt sein können. Insbesondere kleine Unternehmen mit sehr spezialisierten Fähigkeiten und begrenzten Investitionsmöglichkeiten wählen einen solchen Ansatz, der unter bestimmten Voraussetzungen auch mit öffentlichen Mitteln gefördert werden kann.[9] So wurde beispielsweise in einem Unternehmensnetzwerk daran gearbeitet, ein System zur digitalen Echtzeitüberwachung von Energienetzen mit dem Ziel zu entwickeln, eine kontinuierliche und sichere Bereitstellung von Strom in Zeiten des Energiewandels zu gewährleisten.[10]

---

[7]Nagel P (2015) Entwicklung neuer Automobiltechniken: Volvo kooperiert mit Microsoft, automotiveIT. 20. Nov. http://www.automotiveit.eu/volvo-kooperiert-mit-microsoft/news/id-0051314. Zugegriffen: 30. Apr. 2016.

[8]Dörner A (2015) Neue Kooperation: Der Aufzug geht in die Cloud. Handelsblatt, 27. Okt. http://www.handelsblatt.com/technik/it-internet/neue-kooperation-der-aufzug-geht-in-die-cloud/12506704.html. Zugegriffen: 30. Apr. 2016.

[9]Bundesministerium für Wirtschaft und Energie (2016a), Zentrales Innovationsprogramm Mittelstand (ZIM), Kooperationsnetzwerke und ihre FuE-Projekte. http://www.zim-bmwi.de/kooperationsnetzwerke. Zugegriffen: 30. Apr. 2016.

[10]Bundesministerium für Wirtschaft und Energie (2016b), Zentrales Innovationsprogramm Mittelstand (ZIM), Neueste Beispiele geförderter FuE-Projekte. http://www.zim-bmwi.de/erfolgsbeispiele. Zugegriffen: 30. Apr. 2016.

Die (potenziell) schwierige Beziehung zu Innovationspartnern

Beziehungen zwischen Innovationspartnern sind in der Regel komplex und finden auf verschiedenen Ebenen statt. Da es üblicherweise um eine langfristige Zusammenarbeit geht, welche die Offenlegung bestehenden oder die Entwicklung neuen intellektuellen Eigentums (Intellectual Property, IP) implizieren kann, ist ein gegenseitiges Vertrauen erforderlich. Immerhin besteht das Risiko, dass sich eine Seite opportunistisch verhält und das gewonnene Wissen zum Nachteil der anderen Seite für sich nutzt. Hinzu kommt, dass solche Partnerschaften mit viel Unsicherheit verbunden sind und vollständige Verträge meist nicht zu realisieren sind.

Besonders schwierig wird es, wenn es mehrere Beziehungsebenen zwischen den Partnern gibt. So kann beispielsweise die Situation entstehen, dass ein Technologiepartner auf der einen Seite wichtiges Know-how für digitale Innovationen liefert, aber auf der anderen Seite ein „normaler" Lieferant von Produkten (Hardware und Software) und Dienstleistungen ist. Hier stellt sich die Frage, ob der Industriepartner dann überhaupt noch frei ist, Produkte und Dienstleistungen von anderen Anbietern zu beziehen. Umgekehrt kann das Technologieunternehmen auch Kunde des Industriepartners sein. Heikel sind auch sogenannte Coopetition-Beziehungen, bei denen in einem Marktsegment miteinander kooperiert wird (Cooperation) und einem Marktsegment die Partner im Wettbewerb gegeneinander antreten (Competition).

Aus der Komplexität der Partner-Beziehungen ergibt sich mehr denn je die Notwendigkeit, Partnerschaften sorgfältig zu planen, sie nachhaltig zu pflegen und vor allem auch systematisch zu steuern.

Innovationspartnerschaften sind keine Aufgabe des Einkaufs

Innovationspartnerschaften lassen sich nicht durch Einkaufsabteilungen begründen, die traditionell versuchen, Beschaffungskonditionen in Hinblick auf Kosten, Qualität und Zeit zu optimieren. Vielmehr bedarf es hier eines guten Verständnisses der jeweils anderen Seite, des Aufbaues nachhaltigen Vertrauens, des Abbaus von Konfliktpunkten sowie der Entwicklung einer Vision und gemeinsam geteilter strategischer Ziele. Heutige IT- und Einkaufsfunktionen sind hierauf oft noch nicht ausgelegt. Fortgeschrittene Organisationen betreiben zwar bereits heute ein Lieferanten-Portfoliomanagement, aber auch das konzentriert sich meist weniger auf strategische Partnerschaften als auf die Bündelung von Bedarfen und die Optimierung der Beschaffungskonditionen.

IT-Innovationspartnerschaften in Zeiten der Digitalisierung erfordern jedoch einen neuen Ansatz, der weit über Einkaufsprozesse hinausgeht und eng mit den Prozessen des Demand- und Innovationsmanagements verbunden ist. Ausgehend von bereits entwickelten, frühen Innovationsideen ist systematisch nach geeigneten Partnern zu suchen, deren Eignung dann gründlich geprüft wird. Hierbei können zum Beispiel die folgenden Kriterien zum Einsatz kommen: Erfahrung des potenziellen Partners mit der eigenen Branche, Kompatibilität der Anreiz- und Governance-Systeme, strategische Bedeutung der Zusammenarbeit für den potenziellen Partner oder Passung der Technologiekompetenz. Im Abschluss erfolgen die Ansprache und die Prüfung der grundsätzlichen Kooperationsbereitschaft. Ist diese gegeben, kann an einer gemeinsamen Vision und einem Zusammenarbeitsmodell gearbeitet werden, was schließlich in vertragliche Vereinbarungen mündet. Danach kann die gemeinsame Realisierung neuer Produkte und Dienstleistungen begonnen werden. Diese Öffnung nach außen bedingt einen Kulturwandel, der Zeit benötigt. In vielen Unternehmen ist es derzeit noch nicht denkbar, langfristige Unternehmensziele mit (potenziellen) Partnern zu diskutieren und diese dann gemeinsam zu realisieren. Immerhin erhält der Partner unter Umständen tief gehende Einblicke in Geschäftsprozesse und die Innovationstätigkeit des Unternehmens.

Auf dem Weg zu Innovationspartnerschaften

Ein nachhaltiges Management von Innovationspartnerschaften erfordert neue und veränderte Prozesse und Strukturen, neue Rollen und Verantwortlichkeiten sowie einen kulturellen Wandel. Damit Innovationen unter Nutzung externer Partner realisiert werden können, sind insbesondere die nachfolgend diskutierten Faktoren zu beachten.

Natürlich ist das Management von Innovationspartnern kein isolierter Prozess, sondern ist mit dem *IT-Innovationsmanagement* oder dem *IT-Demand Management* zu integrieren. Sobald Innovationsideen und -konzepte oder weitgehende Anforderungen aus den Geschäftsbereichen vorliegen, ist zu prüfen, ob die eigenen Fähigkeiten und Ressourcen zur Realisierung ausreichen oder externe Partner notwendig sind. Ist letzteres der Fall, wird das Partnermanagement aktiv.

Innovationspartnerschaften werden nur so erfolgreich sein, wie der Partner zum eigenen Unternehmen und den eigenen Zielen passt. Daher ist es wichtig, das Marktumfeld in Hinblick auf geeignete Partner systematisch zu beobachten. Dieses *Partner Scouting* kann nicht losgelöst von einem *Technology Scouting* erfolgen, denn selbstverständlich ist jeweils auch zu prüfen, welche spezifischen

Technologiekompetenzen benötigt werden und welche potenzielle Partner diese besitzen. Das Partner Scouting kann ein kontinuierlicher Prozess sein – insbesondere dann, wenn in einem Unternehmen das Innovationsaufkommen sehr hoch ist und immer wieder neue Partnerschaften begründet werden. In solchen Fällen wird meist simultan nach Kandidaten für möglichen Unternehmensakquisitionen gesucht. Vielfach wird es aber auch nur dann aktiv, wenn ein konkreter Bedarf vorliegt.

Insbesondere für Organisationen, die eine Vielzahl von Innovationspartnerschaften pflegen, ist ein *Partner-Portfoliomanagement* sinnvoll. Mit diesem Ansatz soll eine systematische und übergreifende Steuerung der Partnerschaften ermöglicht werden. Zu den Aufgaben des Partner-Portfoliomanagements gehören die Definition von Kriterien, anhand derer Partner ausgewählt werden, Herstellung unternehmensweiter Transparenz hinsichtlich der Partnerschaften, Sicherstellung einer konsistenten Partnerkommunikation und die Überwachung der Qualität der Zusammenarbeit.

Ein wesentliches Element der Initiierung von Innovationspartnerschaften ist die Entwicklung von für beide Seiten tragfähigen Vertragswerken. Um entsprechende Entwicklungsaufwände möglichst gering zu halten, bietet sich insbesondere für Unternehmen mit vielen Innovationspartnerschaften an, *Vertragsrahmenwerke* zu entwickeln, die dann an die jeweiligen Partnerschaften angepasst werden. Diese Vertragsrahmenwerke sollten alle kritischen Elemente der Zusammenarbeit wie gemeinsames geistiges Eigentum, Verwertungsrechte oder Gewinnaufteilungen enthalten.

Wissenschaftliche Studien belegen immer wieder, dass positive persönliche Beziehungen zwischen den beteiligten Akteuren ein Haupterfolgsfaktor für strategische Unternehmenskooperationen sind.[11,12] Es ist daher nicht verwunderlich, dass regelmäßig gefordert wird, ein *Beziehungsmanagement* zu installieren. Dieses sollte regelmäßige persönliche Kontakte auf allen beteiligten Ebenen fördern.

Mit dem Beziehungsmanagement eng verbunden ist die Notwendigkeit, einen Konsens bezüglich *gemeinsamer strategischer Ziele* zu erreichen. Dieses erfordert eine ausreichend intensive Kommunikation zwischen den beteiligten Akteuren. Zudem sollten die Ziele dokumentiert werden. Sie können und sollten Teil des Vertragswerkes sein.

---

[11]Lee J-N, Kim Y-G (1999) Effect of partnership quality on IS outsourcing success: conceptual framework and empirical validation. J Manage Inform Syst 15(4):29–61.

[12]Mohr J, Spekman R (1994) Characteristics of partnership success: Partnership attributes, communication behavior, and conflict resolution techniques. Strateg Manag J 15(2):135–152.

Aufgrund der teilweise vielschichtigen Beziehung zu Innovationspartnern ist es wichtig, dass eine konsistente Kommunikation stattfindet. So kann vermieden werden, dass verschiedene Organisationseinheiten nicht abgestimmt mit verschiedenen Anliegen an einen Innovationspartner herantreten. Hierfür ist eine klare *Governance* erforderlich, die regelt, wer für welche Art von Kommunikation mit den Innovationspartnern zuständig ist. Gleichzeitig sollte organisationsintern Transparenz über die Zusammenarbeit mit dem Innovationspartner herrschen. Die Governance ist eng mit dem oben skizzierten Portfoliomanagement verbunden.

Die Etablierung des hier beschriebenen Managements von Innovationspartnern ist kein einfacher Prozess. Wie bei allen weitreichenden organisatorischen Veränderungen ist ein *Change Management* erforderlich, um die Mitarbeiter von der Sinnhaftigkeit der Veränderung zu überzeugen und sie zu bewegen, konstruktiv und engagiert die Implementierung zu begleiten. Kommunikation, Partizipation und Trainings sind hier wirksame Instrumente.

Institutionalisierung des Partnermanagements

Das Management der Innovationspartner kann in Unternehmen durch unterschiedliche Organisationseinheiten wahrgenommen werden. Grundsätzlich kommen das IT-Innovationsmanagement oder auch die Business-Development-Funktion in Betracht: Eine Ansiedlung im *IT-Innovationsmanagement* bietet sich an, weil ein besonderes Verständnis für die spezifischen notwendigen Fähigkeiten und Ressourcen des Partners vorhanden ist. Als Nachteil ist zu sehen, dass die notwendigen Prozesse und Strukturen neu zu schaffen sind. Wird das Partnermanagement aus der langfristigen Perspektive der Geschäftsentwicklung gesehen, kann auch die *Business-Development-Funktion* verantwortlich gemacht werden. Hier ist jedoch meist nur ein begrenztes Verständnis von den zuvor genannten Fähigkeiten und Ressourcen vorhanden.

Überblick: Innovationen durch Netzwerke

- Eine reine service- und effizienzorientierte IT-Organisation genügt nicht, um den Anforderungen der Digitalisierung gerecht zu werden.
- Der Trend zum Outsourcing wird sich fortsetzen, wobei Cloud-basierte Ansätze an Bedeutung gewinnen.

- Hinzu kommen neue Innovationspartnerschaften mit ausgewählten Technologieunternehmen.
- Diese helfen, etwaige Kompetenz- und Ressourcenlücken auszugleichen.
- Allerdings können solche Partnerschaften aufgrund der Mehrschichtigkeit der Beziehung schwierig sein.
- Daher ist ein zentral koordiniertes Partnermanagement notwendig, welches eine zielgerichtete Auswahl, Anbahnung, Initiierung und Steuerung von Partnerschaften gewährleistet.
- Ein solches Partnermanagement kann auf verschiedene Arten institutionalisiert werden.

Literatur

Buchwald A, Urbach N, Würz T (2014) IT-Outsourcing ist kein Selbstläufer. Wirtschaftsinformatik & Management 3:30–38

Bundesministerium für Wirtschaft und Energie (2016a), Zentrales Innovationsprogramm Mittelstand (ZIM), Kooperationsnetzwerke und ihre FuE-Projekte. http://www.zim-bmwi.de/kooperationsnetzwerke. Zugegriffen: 30. Apr. 2016

Bundesministerium für Wirtschaft und Energie (2016b), Zentrales Innovationsprogramm Mittelstand (ZIM), Neueste Beispiele geförderter FuE-Projekte. http://www.zim-bmwi.de/erfolgsbeispiele. Zugegriffen: 30. Apr. 2016

Clark TD Jr, Zmud RW, McCray GE (1995) The outsourcing of information services: transforming the nature of business in the information industry. J Inform Technol 10(4):221–237

Dörner A (2015) Neue Kooperation: Der Aufzug geht in die Cloud. Handelsblatt, 27. Okt. http://www.handelsblatt.com/technik/it-internet/neue-kooperation-der-aufzug-geht-in-die-cloud/12506704.html. Zugegriffen: 30. Apr. 2016

Grover V, Cheon MJ, Teng JTC (1996) The effect of service quality and partnership on the out-sourcing of information systems functions. J Manage Inform Syst 12(4):89–116

Information Services Group (2015) 2014 Starkes Jahr in EMEA – Mega Deals um 25 % gestiegen. 2. Febr. http://www.isg-one.com/DE/news/150202-DE.asp. Zugegriffen: 30. Apr. 2016

Lacity MC, Hirschheim R (1993) The information systems outsourcing bandwagon. Sloan Manage Rev 35(1):73–86

Lee J-N, Kim Y-G (1999) Effect of partnership quality on IS outsourcing success: conceptual framework and empirical validation. J Manage Inform Syst 15(4):29–61

Mohr J, Spekman R (1994) Characteristics of partnership success: Partnership attributes, communication behavior, and conflict resolution techniques. Strateg Manag J 15(2):135–152

Nagel P (2015) Entwicklung neuer Automobiltechniken: Volvo kooperiert mit Microsoft, automotiveIT. 20. Nov. http://www.automotiveit.eu/volvo-kooperiert-mit-microsoft/news/id-0051314. Zugegriffen: 30. Apr. 2016

Tödtmann C (2013) Vorwärts im Rückwärtsgang – Insourcen ist profitabler als Outsourcen. WirtschaftsWoche. 27. März. http://blog.wiwo.de/management/2013/03/27/vorwarts-im-ruckwartsgang-insourcen-ist-profitabler-als-outsourcen-meint-it-organisationsprofi-robin-protzmann/. Zugegriffen: 30. Apr. 2016

Den User im Blick – Entwicklungsprozesse sind agil, endbenutzerzentriert und mit dem Betrieb verschmolzen

In vielen Unternehmen werden Softwareentwicklungsprozesse weitestgehend nach dem Wasserfallmodell organisiert. Entsprechend erfolgen die verschiedenen Entwicklungsphasen sequenziell von der Anforderungsaufnahmen, über die fachliche und technische Konzeption, Implementierung und Test bis zum Go-Live – meist mit minimalen Rückkopplungsmöglichkeiten zwischen den Phasen. Der Fokus der Entwicklungsaktivitäten ist dabei sehr stark technologie- und funktionsorientiert; Nutzerbedürfnisse und -akzeptanz werden bislang hingegen kaum berücksichtigt. Für die Anforderungen der digitalen Welt scheint dieses Vorgehen nur eingeschränkt geeignet zu sein. Würden die tradierten Softwareentwicklungsprozesse aus dem Unternehmenskontext auf die Entwicklung von modernen Apps im Konsumentenkontext angewendet, so gäbe es nur alle paar Monate oder gar Jahre ein Update. Entsprechend wäre die App nicht erfolgreich auf dem Markt, da die Nutzer heute kontinuierliche, im Hintergrund ablaufende Updates – und damit stets zeitgemäße Applikationen – gewohnt sind. In Zeiten der Digitalisierung richten sich aber immer mehr Anwendungssysteme auch an Unternehmensexterne, etwa Apps für den Kundenservice, das Marketing oder den Vertrieb, aber auch Portale für Lieferanten und Partner, sodass das vor allem das User-Interface-Design zu einer wettbewerbsdifferenzierenden Tätigkeit wird. Gleichzeitig werden auch die eigenen Mitarbeiter immer anspruchsvoller. So sind insbesondere die sogenannten Digital Natives – also Personen, die in der digitalen Welt aufgewachsen sind – immer weniger tolerant gegenüber schlechter Bedienbarkeit von Softwaresystemen.

Wir vertreten daher die Auffassung, dass eine Anpassung von Softwareentwicklungsprozessen notwendig sein wird. Als Vorbild werden dabei Entwicklungsprozesse, die aus der Entwicklung von konsumentenorientierten Softwareprodukten bekannt sind, dienen. Für die Zukunft sehen wir insbesondere eine deutlich stärkere Verbreitung von agilen Vorgehensweisen, insbesondere für

© Springer-Verlag Berlin Heidelberg 2016
N. Urbach und F. Ahlemann, *IT-Management im Zeitalter der Digitalisierung*,
DOI 10.1007/978-3-662-52832-7_7

die Entwicklung der sogenannten „Lightweight-IT", worunter wir Frontend-dominierte und Endkunden-orientierte Systeme verstehen.[1] Die Hauptidee der agilen Ansätze besteht darin, dass ein erstes Deployment von zunächst rudimentären Lösungen sehr frühzeitig erfolgt und diese dann iterativ unter Einbezug des User-Feedbacks weiterentwickelt werden. Generell wird der Benutzer viel stärker in den Vordergrund der Entwicklungsaktivitäten gestellt. Nicht zuletzt werden Softwareentwicklung und -betrieb immer weiter verschmelzen.

Tradierte Softwareentwicklungsprozesse folgen meist dem Wasserfallmodell

Das Wasserfallmodell ist in den meisten Unternehmen das gesetzte Vorgehensmodell für die Entwicklung neuer Software. Es ist eines der älteren und bekanntesten Modelle des Software Engineerings, welches bereits im Jahr 1970 durch den US-amerikanischen Informatik-Forscher Winston Royce Erwähnung fand.[2] Es handelt sich dabei um ein lineares, also nicht iteratives, Phasenmodell, bei dem die Ergebnisse einer Phase wie bei einem Wasserfall jeweils als bindende Vorgabe in die nachfolgende Phase eingehen. Typische Phasen des Wasserfallmodells sind die Anforderungsanalyse, fachliche und technische Konzeption, Implementierung, Softwaretest sowie Auslieferung, Einsatz und Wartung. Jede der Phasen hat dabei vordefinierte Start- und Endpunkte mit eindeutig definierten Ergebnissen. Zwar wurden Varianten des einfachen Wasserfallmodells entwickelt, die Rücksprünge zu vorherigen Phasen zulassen, sollte in der aktuellen Phase etwas schieflaufen. Aber allgemein sind solche Rückkopplungsmöglichkeiten zwischen den Phasen sehr eingeschränkt.

Für die Dominanz des Wasserfallmodells gibt es gute Gründe. So sind die verschiedenen Phasen sehr klar voneinander abgrenzbar, was eine Arbeitsteilung in Projekten erlaubt, welche insbesondere bei sehr großen Entwicklungsvorhaben essenziell ist. Entsprechend sind nach dem Wasserfallmodell organisierte Projekte vergleichsweise leicht steuerbar, da die Planung und Fortschrittskontrolle der Phasen meist recht einfach ist und das tradierte Projektmanagement auf diesem Paradigma basiert. Darüber hinaus ist das Modell aufgrund seiner Einfachheit

---

[1]Bygstad B (2015) The coming of lightweight IT. Proceedings of the 23rd European conference on information systems (ECIS 2015), May 26–29, Münster.
[2]Royce WW (1970) Managing the development of large software system. Proceedings of IEEE WESCON, 26. Aug.

sehr leicht zu kommunizieren und auch für unerfahrene Mitarbeiter gut verständlich. Vor allem aber handelt es sich um ein sehr effizientes Vorgehensmodell, wenn die Anforderungen an die zu entwickelte Software sowie der zur Verfügung stehende Budgetrahmen über die Laufzeit des Projekts stabil bleiben.

Neben der starken Prägung durch den sequenziellen Ablauf des Entwicklungsprozesses sind die bisherigen Entwicklungsaktivitäten in vielen Unternehmen durch ihre starke Technologie- und Funktionsorientierung geprägt. Die wesentlichen Erfolgskriterien sind dabei vor allem, dass die entwickelten Anwendungssysteme bestmöglich die an sie gestellten fachlichen Anforderungen abdecken sowie die typischen nichtfunktionalen Anforderungen wie Zuverlässigkeit, Leistung und Effizienz erfüllen. Die Bedürfnisse und die Akzeptanz der Nutzer werden hingegen bei der Anwendungsentwicklung häufig nur eingeschränkt berücksichtigt. Üblicherweise wird eine Software in der Regel für genau eine Endgeräteklasse entwickelt und verfügt über ein wenig modernes User-Interface-Design. Nur sehr selten sind User-Interface-Experten (UI-Experten) in den Entwicklungsprozess einbezogen. Sehr viel häufiger erledigen die Programmierer, die hauptsächlich für die Implementierung der Funktionalität verantwortlich sind, die UI-Entwicklung nebenbei mit.

Die Zukunft der Softwareentwicklung ist agil

Unter den Rahmenbedingungen der „nicht-digitalen" Welt konnten die etablierten Softwareentwicklungsansätze als durchaus geeignet angesehen werden. Vor allem bei stabilen Anforderungen konnten damit in effizienter Weise neue Anwendungssysteme entwickelt werden – insbesondere auch bei sehr großen Vorhaben. Gleichzeitig führten sie aber nicht selten zu Abgrenzungsproblemen zwischen den verschiedenen Phasen und waren durch fehlende Flexibilität gegenüber späten Änderungen im Entwicklungsprozess charakterisiert. Als wesentlicher Nachteil kann vor allem der sehr lange Zeitraum von der Anforderungsaufnahme bis zur Einführung des entwickelten Systems gesehen werden. Oftmals sind die fachlichen Anforderungen bereits überholt, wenn der Nutzer zum ersten Mal mit einer neuen Applikation in Berührung kommt, oder er hat Probleme die Anforderungen in geeigneter Weise zu artikulieren. Es ist an dieser Stelle nicht überraschend, dass das Endprodukt nicht immer den Erwartungen der Auftraggeber entspricht. In der digitalisierten Geschäftswelt ist aber gerade die schnelle Implementierung technologischer Innovationen entscheidend – eine kurze „Time-to-Market" wird in zunehmendem Maße zum geschäftskritischen Erfolgsfaktor. Des Weiteren wird die Zufriedenheit der Nutzer zu einem wichtigen Kriterium. Entsprechend ist die

Unternehmens-IT gefordert, den Anforderungen dieser neuen Welt gerecht zu werden. Es sind neue Ansätze gefragt, die deutlich schnellere Innovations- und Implementierungszyklen ermöglichen sowie an den Erwartungen der Nutzer ausgerichtet sind. Verharrt die IT-Organisation in diesem Zusammenhang in ihren alten Verhaltensmustern, besteht die ernst zu nehmende Gefahr, dass die Fachbereiche aufgrund des gestiegenen Veränderungsdruck einfach ohne Einbindung der Unternehmens-IT aktiv werden (siehe Kap. 5). Als Resultat entsteht die sogenannte „Schatten-IT", welche zu Compliance- und Security-Risiken führt und der Unternehmens-IT in zunehmendem Maße ihre Daseinsberechtigung nimmt.

Für die zukünftige IT-Organisation sehen wir aus den genannten Gründen in deutlich höherem Umfang als heute agile Vorgehensweisen bei Softwareentwicklungsprojekten. Die Kernidee der agilen Softwareentwicklung besteht in ihrem iterativen, inkrementellen Vorgehen. Anstatt einer vollständigen ex-ante Spezifikation des zu entwickelnden Produkts steht zu Beginn der Arbeit eine Produktvision, welche grundsätzlich noch Raum für Abweichungen zulässt. Das Entwicklungsprojekt wird im Rahmen der Projektplanung in mehrere zeitliche Etappen unterteilt, an dessen Enden jeweils ein Produktinkrement, das bedeutet ein voll funktionsfähiges Zwischenprodukt, steht. Diese Produktinkremente werden dem Auftraggeber vorgelegt, um jeweils Feedback für die darauffolgende Entwicklungsphase zu erhalten. Ein vergleichbares Vorgehen ist sehr häufig im Konsumentenbereich („App-Prinzip") zu beobachten. Die Anbieter moderner Apps bringen oftmals sehr frühzeitig verhältnismäßig einfache Versionen ihrer Anwendungen auf den Markt. Mit kontinuierlichen Updates wird die Funktionalität dann sukzessive erweitert und an die Benutzerbedürfnisse angepasst.

Die Idee der agilen Softwareentwicklung ist dabei nicht neu, die ersten Ansätze wurden bereits Anfang der 1990er-Jahre diskutiert. Einen deutlichen Schub erfuhr die agile Vorgehensweise mit der Veröffentlichung des ersten Buchs zu „Extreme Programming" durch den amerikanischen Softwareentwickler Kent Beck im Jahr 1999.[3] Mit seinem Ansatz stellte Beck eine Methode vor, die das Lösen einer Programmieraufgabe in den Vordergrund der Softwareentwicklung stellt und gleichzeitig einem formalisierten Vorgehen geringere Bedeutung zumisst – was im Kern der Idee der agilen Softwareentwicklung entspricht. Die Bezeichnung „agil" wurde etwas später im Jahr 2001 durch das sogenannte „Agile Manifest" etabliert, welches bei einem Treffen von 17 renommierten Softwareentwicklern erarbeitet und anschließend veröffentlicht wurde. Im Zentrum

---

[3]Beck K (1999) Extreme programming explained: embrace change. Addison-Wesley Professional, Boston.

dieses Manifests stehen vier Leitsätze: 1) Individuen und Interaktionen sind wichtiger als Prozesse und Werkzeuge, 2) Funktionierende Software hat Vorrang vor umfassender Dokumentation, 3) Zusammenarbeit mit den Kunden ist wichtiger als Vertragsverhandlungen sowie 4) Reagieren auf Veränderung geht vor Befolgen eines Plans. Die Unterzeichner des Manifests schlagen auch Prinzipien zur Operationalisierung dieser vier zentralen Werte vor. Dazu gehören unter anderem eine frühe und kontinuierliche Auslieferung von Software, die enge Zusammenarbeit von Fachbereichen und Softwareentwicklern, motivationsfördernde Maßnahmen, Augenmerk auf technische Exzellenz sowie sich selbstorganisierende Teams.[4] Seither werden agile Vorgehensweisen in verschiedenen Ausprägungen immer populärer. Zu den am meisten etablierten und bekanntesten Ansätzen zählen neben dem bereits genannten Extreme Programming auch Scrum[5] und Kanban[6]. In wachsendem Maße gibt es auch Diskussionen und Versuche, agile Ansätze auch außerhalb der Softwareentwicklung einzusetzen, etwa in der Produkt- oder der Organisationsentwicklung.

Wir möchten an dieser Stelle betonen, dass es in der Zukunft immer noch Bereiche geben wird, in denen eine agile Vorgehensweise nicht zielführend und daher ein linearer Ansatz (also dem Wasserfallmodell folgend) vorzuziehen ist. Ein Hauptargument hierfür ist, dass die agilen Ansätze üblicherweise nicht beliebig skalierbar und daher tendenziell eher für kleinere, eng umrissene Vorhaben geeignet sind. Ferner werden auch zukünftig Projekte mit Rahmenbedingungen vorzufinden sein, in denen die tradierten, nicht-agilen Vorgehensweisen ihre Stärken voll ausspielen können. Aus unserer Sicht werden die agilen Ansätze insbesondere für die sogenannte „Lightweight-IT" geeignet sein und in diesem Bereich ihre Stärken demonstrieren. Hierzu zählen wir insbesondere solche Anwendungssysteme, die sich primär an den Endkunden und/oder Konsumenten orientieren oder sich an Mitarbeiter richten, die im direkten Kontakt mit dieser Zielgruppe stehen, etwa im Vertrieb. Es handelt sich dabei meist um Frontend-dominierte Anwendungen, welche vor allem für die Nutzung auf mobilen Endgeräten wie Smartphones oder Tablets optimiert werden. In der Regel zählen diese „leichten Systeme" nicht zu den kritischen Infrastrukturen eines

---

[4]Beck K et al (2001) Manifesto for agile software development. http://www.agilemanifesto. org/. Zugegriffen: 30. Apr. 2016.
[5]Beedle M, Schwaber K (2002) Agile software development with scrum. Prentice Hall, Upper Saddle River.
[6]Anderson DJ (2010) Kanban: successful evolutionary change for your technology business. Blue Hole Press Sequim, Washington.

Unternehmens und werden (somit) nicht als essenziell für dessen Geschäftstätigkeit betrachtet, sondern sind eher als innovative „Gadgets" als Grundlage neuer Geschäftsmodelle zu verstehen. Im Gegensatz dazu sind die traditionellen Vorgehensmodelle der Softwareentwicklung für die sogenannte „Heavyweight-IT" vorzuziehen. Hierbei handelt es sich vor allem um Backend-dominierte Systeme, welche typischerweise eine hohe Komplexität besitzen und als unternehmenskritische Infrastruktur für das jeweilige Unternehmen angesehen werden können. Im Gegensatz zur „Lightweight-IT" haben an dieser Stelle Stabilität und Sicherheit eine deutlich höhere Bedeutung als Innovation und Bedienungsfreundlichkeit (Siehe Fußnote 1).

Der Endbenutzer steht stärker im Vordergrund

Die enge Einbeziehung des Nutzers in den Entwicklungsprozess ist ein inhärentes Charakteristikum von agilen Vorgehensmodellen (siehe oben). Aber auch die Entwicklung von innovativen und intuitiven Benutzungsoberflächen erfordert neue Kompetenzen innerhalb der IT-Organisationen vieler Unternehmen. Aktuelle Studien belegen, dass die Akzeptanz und der Erfolg von Informationssystemen im signifikanten Ausmaß vom sogenannten „Hedonic Value", also dem beigemessenen Spaß während der Nutzung, beeinflusst werden.[7] Vor allem junge Nutzer sind immer weniger bereit, nicht zeitgemäße Bedienkonzepte zu akzeptieren, da sie von der privaten Nutzung moderner Tablets und Smartphones qualitativ hochwertige Benutzungsoberflächen gewohnt sind. Die Entwicklung guter Bedienkonzepte wird somit zum Erfolgsfaktor für die Bereitstellung neuer technologischer Lösungen. Nur wenige Unternehmen verfügen derzeit in diesem Bereich über ausreichende Kompetenzen und müssen diese daher erst aufbauen oder extern beziehen (siehe Kap. 6).

Die zunehmende Zentrierung auf den Nutzer erfordert neue Softwareentwicklungs- und Deployment-Paradigmen. Anstelle eines rein technischen Monitorings von Hard- und Software ermöglicht ein umfassendes Monitoring der Benutzer ein besseres Verständnis des Nutzerverhaltens und schließlich die Entwicklung von für die Benutzer maßgeschneiderten Applikationen. Während vormals Planungsgremien die Entscheidungen hinsichtlich Designänderungen getroffen haben, werden diese zukünftig durch das User-Feedback bestimmt. So können während

---

[7]Whitten D, Hightower R, Sayeed L (2014) Mobile device adaptation efforts: the impact of hedonic and utilitarian value. J Comput Inform Syst 55:48–58.

der Nutzung Experimente mit Design-Varianten durchgeführt werden, um sukzessive zu einem optimalen Design zu gelangen. Solche sogenannten A/B-Tests werden schon seit mehreren Jahren im E-Commerce zur Verbesserung der Conversion-Rate von Online-Shops eingesetzt. Anstelle von umfangreichen Tests vor dem Zeitpunkt des Software-Deployments sieht ein zukünftiger Ansatz auch das Testen während der Benutzung der neuen Anwendungen vor. Dieses Vorgehen ermöglicht die schnellere Bereitstellung von neuen Releases sowie ein dynamisches Reagieren auf Probleme und Defizite unabhängig von starren Release-Zeitpunkten. Entsprechen reduzieren sich die Innovations- und Release-Zyklen von vormals mehreren Monaten auf wenige Tage, so wie es der Benutzer aus dem privaten Kontext kennt, wo Smartphone-Apps meist im Hintergrund und vom Benutzer verborgen regelmäßig aktualisiert werden.

Ein junger Trend zur nutzerfokussierten Steigerung der Attraktivität von Softwareapplikationen stellt das Konzept der „Gamification" dar. Hierunter ist die Anwendung von spieltypischen Elementen wie Highscores, Erfahrungspunkten oder Auszeichnungen in einem spielfremden Kontext zu verstehen.[8] Das wesentliche Ziel von Gamification besteht darin, eine Motivationssteigerung für die Durchführung von ansonsten als monoton und wenig anspruchsvoll angesehenen oder aus anderen Gründen unbeliebten Tätigkeiten durch spielerische Elemente zu erreichen. Damit können vor allem solche Generationen angesprochen werden, für die das Spielen mit Spielkonsolen ein wichtiges Element ihrer Jugend war. Ein Beispiel für den Einsatz von Gamification im Unternehmenskontext ist die unternehmensinterne Plattform zur Innovationsförderungen bei Danone. Je nach individuellem Beitrag zu dieser Plattform können die Mitarbeiter einen Bronze-, Silber- oder Goldstatus erlangen. Dadurch soll die Plattform die Mitarbeiter motivieren, sich am Innovationsprozess zu beteiligen, und bei der Auswahl und Umsetzung von Ideen helfen.[9] Ein weiteres Beispiel ist das Online-Planspiel „International Management Simulation" der Bayer AG. Hier geht es für den Nutzer darum, sich spielerisch neue betriebswirtschaftliche Kenntnisse anzueignen, indem Managementprozesse im Zeitraffer durchlaufen werden. Dabei konkurrieren mehrere Teams als Unternehmen in simulierten Geschäftsjahren miteinander, indem sie bestimmte Produkte auf verschiedenen Märkten einführen und sich so

---

[8]Deterding S, Khaled R, Nacke LE, Dixon D (2011) Gamification: toward a definition. In: Proceedings of the CHI 2011, May 7–12, 2011, Vancouver, Canada. http://hci.usask.ca/uploads/219-02-Deterding,-Khaled,-Nacke,-Dixon.pdf. Zugegriffen: 30. Apr. 2016.

[9]Quack K (2013) Eine soziale Plattform fördert Ideen zur Reife. Computerwoche, 15. Apr. http://www.computerwoche.de/a/eine-soziale-plattform-foerdert-ideen-zur-reife,2536036. Zugegriffen: 30. Apr. 2016.

gegenüber den anderen Teams behaupten.[10] Bevor Gamification in der Breite produktiv eingesetzt wird, muss sich das Konzept aus unserer Sicht jedoch erst noch im Unternehmensalltag beweisen. Nichtsdestotrotz gehen wir davon aus, dass es in den kommenden Jahren in zunehmendem Maße Berücksichtigung bei der Gestaltung und Entwicklung von Anwendungssystemen finden wird. Ob es sich schließlich um eine Moderscheinung oder einen nachhaltigen Trend handelt, bleibt dabei abzuwarten.

Verschmelzung von Entwicklung und Betrieb

Eine zentrale Herausforderung für die Unternehmens-IT im Zeitalter der Digitalisierung ist es, neue Kundenwünsche und Innovationen schnell aufzugreifen und dabei gleichzeitig einen leistungsstarken und stabilen IT-Betrieb zu gewährleisten. Dabei werden die Reaktionszeiten in Bezug auf Änderungswünsche der internen und externen Kunden sowie die Time-to-Market neuer Geschäftsmodelle ausschlaggebend für den wirtschaftlichen Erfolg des gesamten Unternehmens sein. Wie wir bereits erörtert haben, lassen sich durch agile Entwicklungsprozesse die Aktualisierungsraten von Anwendungen signifikant erhöhen. Diese Maßnahmen entfalten aber nur dann ihre volle Wirkung, wenn die Anwendungen auch genauso dynamisch in den Produktivbetrieb gelangen. Bei Anwendung tradierter Qualitäts- und Betriebsprozesse vergehen jedoch nicht selten einige Tage oder sogar Wochen, bis neue oder aktualisierte Anwendungssysteme in den Produktivbetrieb gelangen. Um flexibel und schnell auf neue Geschäftsanforderungen reagieren zu können, müssen Entwicklung und Betrieb entsprechend enger zusammenarbeiten und ihre Prozesse besser aufeinander abstimmen. Das in den letzten Monaten viel diskutierte Schlagwort DevOps stellt eine Lösung für diese Herausforderung dar.[11] Dabei handelt es sich um die Verschmelzung von *Development* (englisch für Entwicklung) und *Operations* (englisch für Betrieb). Die Kernidee des Ansatzes besteht darin, agile Methoden auf den IT-Betrieb zu übertragen und die eingesetzten Vorgehensmodelle für Softwareentwicklung und IT-Betrieb miteinander zu verbinden. Dadurch kann das Risiko von ungetesteten Elementen in der Produktion minimiert werden, da dieselben Verfahren im gesamten Software-Lebenszyklus identisch und ohne Brüche eingesetzt werden.

---

[10]Bayer AG (2016) Bayer international management simulation. http://www.bimsonline.com/. Zugegriffen: 30. Apr. 2016.

[11]Hüttermann M (2012) DevOps for developers. Integrate development and operations. The agile way. Apress, New York.

Auch wenn sich unserer Meinung nach zumindest in der akademischen Forschung bislang keine feste Begriffsdefinition von DevOps herauskristallisiert hat, so haben die von Jez Humble, einem der Pioniere der DevOps-Bewegung, vorgeschlagenen fünf Grundprinzipien weite Verbreitung und Akzeptanz erfahren.[12] Demnach bilden Culture, Automation, Lean, Measurement und Sharing (CALMS) das Gerüst von DevOps. Die kulturelle Basis *(Culture)* von DevOps bilden die vertrauensvolle Zusammenarbeit zwischen Entwicklern, Testern und Administratoren, ein stetiger Informationsfluss sowie eine anhaltende Bereitschaft zum Lernen. Eine wichtige Voraussetzung für die erfolgreiche Umsetzung von DevOps ist die Automatisierung *(Automation)* von Arbeitsvorgängen. Die Bandbreite umfasst sowohl die Abbildung einfacher wiederkehrender Tätigkeiten als auch die Vollautomatisierung von Aufbau und Betrieb ganzer Umgebungen. Eine „schlanke" Umsetzung *(Lean)* setzt auf die Vermeidung von Verschwendung, auf das Schaffen von Transparenz sowie die Ganzheitlichkeit der Prozessoptimierung. Um die Qualität der Umsetzung durchgängig zu sichern, sind einheitliche Messkriterien zu definieren *(Measurement)*. Hierbei sollen nachvollziehbare Metriken kontinuierliche Verbesserungsmaßnahmen, eine Überwachung der gesamten Applikation und ihrer Komponenten sowie der dahinterliegenden Prozesse ermöglichen. Nicht zuletzt gehört die Bereitschaft, Wissen zu teilen, voneinander zu lernen und Erkenntnisse proaktiv mitzuteilen *(Sharing)* zu einer effektiven und effizienten DevOps-Umsetzung. Analog zur agilen Vorgehensweise bei der Anwendungsentwicklung ist es auch für DevOps wichtig zu betonen, dass dieses Konzept weniger auf die Umsetzung und Weiterentwicklung von Kernfunktionalitäten kritischer Systeme zu beziehen ist, sondern vielmehr auf die „leichten Systems" wie grafische Benutzeroberflächen, Reporting-Anwendungen oder auch einfache Workflow-Applikationen.

Die IT der zwei Geschwindigkeiten als Vorbote der Agilen IT

Um den Anforderungen der digitalen Welt gerecht zu werden, erwarten wir in zunehmenden Maße den Einsatz von agilen, endbenutzerzentrierten und mit dem Betrieb verschmolzenen Softwareentwicklungsprozessen. Wie wir bereits mehrfach angedeutet haben, soll dies explizit nicht bedeuteten, dass von heute

---

[12]Appdynamcis (2015) Keep CALM and embrace Devops. white paper. https://www.app-dynamics.com/lp/keep-calm-and-embrace-devops/. Zugegriffen: 30. Apr. 2016.

auf morgen für die gesamte Anwendungslandschaft des Unternehmens auf diese neue Denkwelt umgestellt werden soll. Vielmehr gilt es festzulegen, für welche Bereiche eine „schnelle" IT ihre Vorteile ausspielen kann und an welchen Stellen die tradierten Ansätze nach wie vor ihre Berechtigung haben. Entsprechend sind unsere diesbezüglichen Empfehlungen an das IT-Management, die erforderlichen Kompetenzen sukzessive aufzubauen und bei der (Weiter-)Entwicklung ausgewählte Anwendungen zu pilotieren. Die Entwicklung der erforderlichen Strukturen, Prozesse, Methoden und Werkzeuge sollte für viele Unternehmen keine größere Herausforderung darstellen. Der kulturelle Wandel sowie die Entwicklung von Bereitschaft, Engagement und Fähigkeiten auf Seite der Mitarbeiter wird unserer Erwartung nach hingegen die deutlich größere Aufgabe darstellen. Sind diese Kompetenzen aber einmal aufgebaut und durch mehrere Anwendungsfälle erprobt, besteht mittelfristig die Aufgabe, das Anwendungsportfolio entsprechend der Unterscheidung „heavyweight" und „lightweight" zu klassifizieren. Diese Unterscheidung gilt es dann vor allem auch im Architekturmanagement zu berücksichtigen, da hierfür flexiblere Architekturen erforderlich werden (siehe Kap. 10). Des Weiteren empfehlen wir eine systematische Trennung von Backend- und Frontend-Entwicklung, da gerade die Frontend-Entwicklung eher der „leichten" Welt zuzuordnen ist, während die meist monolithischen Backend-Systeme vermutlich in der tradierten Welt bereits sehr gut aufgehoben sind.

Durch die vorgestellte Trennung der Anwendungsentwicklung in eine agile, „leichte" und dynamische Welt auf der einen Seite sowie eine lineare, „schwere" und sicherheitsorientierte Welt auf der anderen Seite stellt sich konsequenterweise die Frage, welche Implikationen diese Entwicklungen für die organisatorische Aufstellung der Unternehmens-IT haben. In den vergangenen Monaten wurde in diesem Zusammenhang sehr intensiv das Konzept der bimodalen IT oder auch der „IT der zwei Geschwindigkeiten" diskutiert. Der Begriff der bimodalen IT wurde vom Analystenhaus Gartner geprägt und bezeichnet die Zweiteilung der IT-Organisation in das Management von sicheren und in ihrem Verhalten vorhersagbaren Kernsystemen (Modus 1) und eher experimentellen, agilen und Kunden sowie Partnern zugewandten Applikationen (Modus 2).[13] Die grundlegende Idee dabei ist, neben der traditionellen IT-Entwicklungs- und IT-Betriebsorganisation eine Art Überholspur für digitale Transformationsprojekte mit hoher Priorität und hohem Geschwindigkeitsanspruch zu schaffen. In der ersten Spur geht es dann vor allem darum, die Kernsysteme anhand klar definierter Anforderungen und dem Paradigma „Stabilität und Zuverlässigkeit" folgend weiterzuentwickeln.

---

[13]Gartner (2016) Bimodal IT, IT glossary. http://www.gartner.com/it-glossary/bimodal. Zugegriffen: 30. Apr. 2016.

Die zweite Spur fokussiert sich auf der anderen Seite auf „disruptive" IT-Lösungen und ist entsprechend durch kunden- beziehungsweise geschäftsgetriebene digitale Transformationsprojekte geprägt. Im Vordergrund stehen hier vor allem „Innovation und Differenzierung".[14] Unserer Argumentation aus Kap. 4 folgend, würde die IT-Organisation im Modus 1 weiterhin dem tradierten Paradigma *Plan-Build-Run* folgen, während sie im Modus 2 nach dem von uns vorgeschlagenen *Innovate-Design-Transform*-Paradigma arbeiten würde. Die Anschlussfrage, die sich unserer Meinung nach stellt, ist, ob es sich bei der „IT der zwei Geschwindigkeiten" um eine nachhaltige organisatorische Lösung zur Aufstellung der Unternehmens-IT handelt. Unter der Annahme, dass kein Unternehmensbereich von der Digitalisierung verschont bleiben wird (siehe Kap. 3), betrachten wir die bimodale IT lediglich als Übergangslösung für die ersten Jahre der Digitalen Transformation. Perspektivisch erwarten wir eine deutlich engere Verzahnung von Fach- und IT-Bereichen (siehe Kap. 5), eine sehr viel weitergehende Verlagerung des IT-Betriebs in die Cloud (siehe Kap. 8) sowie schließlich das Aus der IT-Organisation in der heutigen Aufstellung (siehe Kap. 11).

Überblick: Den User im Blick

- Im digitalen Zeitalter wird die Geschwindigkeit, mit der neue Software verfügbar gemacht und aktualisiert wird (Time-to-Market), immer wichtiger.
- Aufgrund einer stärkeren Kunden- und Partnerzentrierung sowie anspruchsvoller gewordenen Benutzergruppen gewinnen Design und Usability von Anwendungen an Bedeutung.
- Tradierte Softwareentwicklungsprozesse, die oftmals nach dem Wasserfallmodell organisiert werden, sind nur eingeschränkt geeignet, um den neuen Anforderungen gerecht zu werden.
- Für die Zukunft sehen wir eine deutlich stärkere Verbreitung von agilen Vorgehensweisen, insbesondere für die Entwicklung von Frontend-dominierten und Endkunden-orientierten Anwendungen.

---

[14]Laitenberger O (2015) Digitale Disruption trifft auch die IT-Abteilungen. Computerwoche, 22. Dez. http://www.computerwoche.de/a/digitale-disruption-trifft-auch-die-it-abteilungen,3220993. Zugegriffen: 30. Apr. 2016.

- Der Endbenutzer steht zunehmend stärker im Vordergrund der Softwareentwicklungsaktivitäten, was neue Softwareentwicklungs- und Deployment-Paradigmen erfordert.
- Mit DevOps werden agile Methoden auf den IT-Betrieb übertragen und die eingesetzten Vorgehensmodelle für Softwareentwicklung und IT-Betrieb miteinander verschmolzen.
- Die Idee der bimodalen IT besteht darin, neben der traditionellen IT-Entwicklungs- und IT-Betriebsorganisation eine „organisatorische Überholspur" für digitale Transformationsprojekte zu schaffen.

Literatur

Anderson DJ (2010) Kanban: successful evolutionary change for your technology business. Blue Hole Press. Sequim, Washington

Appdynamcis (2015) Keep CALM and embrace Devops. white paper. https://www.appdynamics.com/lp/keep-calm-and-embrace-devops/. Zugegriffen: 30. Apr. 2016

Bayer AG (2016) Bayer international management simulation. http://www.bimsonline.com/. Zugegriffen: 30. Apr. 2016

Beck K (1999) Extreme programming explained: embrace change. Addison-Wesley Professional, Boston

Beck K et al (2001) Manifesto for agile software development. http://www.agilemanifesto.org/. Zugegriffen: 30. Apr. 2016

Beedle M, Schwaber K (2002) Agile software development with scrum. Prentice Hall, Upper Saddle River

Bygstad B (2015) The coming of lightweight IT. Proceedings of the 23rd European conference on information systems (ECIS 2015), May 26–29, Münster

Deterding S, Khaled R, Nacke LE, Dixon D (2011) Gamification: toward a definition. In: Proceedings of the CHI 2011, May 7–12, 2011, Vancouver, Canada. http://hci.usask.ca/uploads/219-02-Deterding,-Khaled,-Nacke,-Dixon.pdf. Zugegriffen: 30. Apr. 2016

Gartner (2016) Bimodal IT, IT glossary. http://www.gartner.com/it-glossary/bimodal. Zugegriffen: 30. Apr. 2016

Hüttermann M (2012) DevOps for developers. Integrate development and operations. The agile way. Apress, New York

Laitenberger O (2015) Digitale Disruption trifft auch die IT-Abteilungen. Computerwoche, 22. Dez. http://www.computerwoche.de/a/digitale-disruption-trifft-auch-die-it-abteilungen,3220993. Zugegriffen: 30. Apr. 2016

Quack K (2013) Eine soziale Plattform fördert Ideen zur Reife. Computerwoche, 15. Apr. http://www.computerwoche.de/a/eine-soziale-plattform-foerdert-ideen-zur-reife,2536036. Zugegriffen: 30. Apr. 2016

Royce WW (1970) Managing the development of large software system. Proceedings of IEEE WESCON, 26. Aug.

Whitten D, Hightower R, Sayeed L (2014) Mobile device adaptation efforts: the impact of hedonic and utilitarian value. J Comput Inform Syst 55:48–58

Handelsware Infrastruktur — IT-Infrastrukturleistungen werden auf freien Märkten gehandelt und nach Bedarf eingekauft

IT-Infrastrukturen werden im Kontext der zuvor beschriebenen Entwicklungen wichtiger sein als je zuvor. Von ihrer Stabilität, Verfügbarkeit, Anpassbarkeit und Sicherheit hängen in Zukunft nicht nur einzelne Geschäftsprozesse, sondern ganze Geschäftsmodelle und der Fortbestand von Unternehmen ab. Gleichzeitig sind Infrastrukturdienste heute standardisierter, weswegen sich der Begriff „Commodity-IT" etabliert hat. Spezialisierte Dienstleister können sie in einer Qualität anbieten, die viele Unternehmen in ihren eigenen IT-Abteilungen nicht erzielen. In diesem Zusammenhang stellt sich die Frage, warum eine interne IT-Abteilung überhaupt noch selbst eigene IT-Infrastrukturen betreiben soll. Tatsächlich steht zu erwarten, dass die Unternehmens-IT der Zukunft nur noch vereinzelt eigenständig Server in Betrieb nehmen, Middleware konfigurieren und Security-Patches einspielen wird. Stattdessen darf man davon ausgehen, dass diese Teile der IT-Wertschöpfungskette vollständig durch externe Dienstleister übernommen werden. Das ist noch nicht alles: Virtualisierungstechnologien, Cloud-Lösungen und die zunehmende Standardisierung und exakte Spezifikation von Infrastrukturdiensttypen und -leistungsklassen werden ganz neue Märkte entstehen lassen. IT-Infrastrukturdienste werden über Börsen gehandelt und genauso einfach bezogen werden wie Strom aus der Steckdose.

IT-Infrastrukturen versus Geschäftsanwendungen

Das Szenario hochstandardisierter IT-Dienste, die frei an Börsen und anderen Märkten gehandelt werden, ist jedoch nur für Technologien zu erwarten, die in praktisch allen Unternehmen zum Einsatz kommen und kein Differenzierungspotenzial aufweisen. Hierzu zählen beispielsweise Netzwerke, Speicherdienste,

© Springer-Verlag Berlin Heidelberg 2016
N. Urbach und F. Ahlemann, *IT-Management im Zeitalter der Digitalisierung,*
DOI 10.1007/978-3-662-52832-7_8

Rechenkapazitäten, Datenbankdienste, virtuelle Computer, grundlegende Big-Data-Dienste oder Verzeichnisdienste. Hinzu kommen Anwendungssysteme, die ebenfalls weitgehend unabhängig von spezifischen Geschäftsprozessen und -modellen sind und zudem oft „as-is", das heißt ohne besondere Konfiguration oder Systemintegrationserfordernisse genutzt werden können. Hierzu zählen beispielsweise E-Mail-Systeme, Unified-Messaging-Lösungen sowie Groupware- und Kollaborationsplattformen.

Auf der anderen Seite steht nicht zu erwarten, dass komplexe betriebswirtschaftliche Anwendungssysteme diesen neuen Vertriebs- und Marktstrukturen unterliegen. Dafür gibt es verschiedene Gründe: Erstens gibt es hier wesentliche höhere Lock-In-Effekte, das heißt Anbieter- oder Providerwechsel machen aufgrund des hohen Konfigurations- und Systemintegrationsaufwandes oft keinen Sinn. Dazu kommen oft noch Individualprogrammierungen, die schwer oder gar nicht auf andere Anbieterlösungen übertragen werden können. Auf der anderen Seite erleben wir zwar bereits heute eine zunehmende Standardisierung von Geschäftsprozessen, diese wird sich aber auf absehbare Zeit nicht in leicht austauschbarer Anwendungssoftware manifestieren. Vielmehr darf davon ausgegangen werden, dass sich in Bereichen mit entsprechender Standardisierung das Geschäftsprozess-Outsourcing weiter durchsetzen wird. Darüber hinaus begründen viele Unternehmen über spezifische Geschäftsprozesse ihre Wettbewerbsvorteile; das heißt sie differenzieren sich über effiziente, flexible oder besonders kundenorientierte Geschäftsprozesse von der Konkurrenz. Eine weitgehende Standardisierung, wie sie für leicht austauschbare Geschäftsanwendungssysteme notwendig wäre, würde diese Vorteile zunichtemachen.

Interessanterweise ist zu beobachten, dass Unternehmen heute häufig noch ein Differenzierungspotenzial ihrer IT-Infrastruktur oder auch ihrer Geschäftsanwendungen diagnostizieren, wo eigentlich kaum mehr eines vorhanden ist. Aus politischen und historischen Gründen werden individuelle Lösungen und Systeme betrieben, die eigentlich leicht durch hochgradig standardisierte Architekturen zu ersetzen wären. Die wissenschaftliche Theorie lehrt, dass Unternehmen solche Ineffizienzen bei steigender Wettbewerbsintensität und zunehmendem Kostendruck jedoch schnell abbauen (oder aber weniger wettbewerbsfähig werden).

Klassischer IT-Betrieb im internen Rechenzentrum

Heute betreiben viele IT-Abteilungen noch ihr eigenes Rechenzentrum oder gar mehrere Rechenzentren. Der letzte Fall trifft insbesondere auf große, multinationale Unternehmen zu, die zur Steigerung der globalen Verfügbarkeit ihrer

IT-Services auf Redundanz nicht verzichten können oder wollen. Oft ist die IT-Wertschöpfungstiefe jedoch schon optimiert, das heißt es kommen externe Dienstleister zum Einsatz, um beispielsweise Endgeräte bereitzustellen und zu warten, das Rechenzentrum zu betreiben oder auch Serviceprozesse wie den Helpdesk zu übernehmen. Cloud-Lösungen werden auch heute bereits intensiv genutzt, aber meist als „Private Cloud", das heißt innerhalb des eigenen Netzwerks und auf Basis eigener Hardware. Trotzdem wird geschätzt, dass schon jetzt etwa 30 % der Infrastrukturaufwendungen für Cloud-Lösungen verausgabt werden.[1] Deutlich seltener kommt es zum Bezug von Geschäftsanwendungen, die bei externen Anbietern betrieben werden. Zu groß sind die Vorbehalte in Hinblick auf Datenschutz und -sicherheit sowie Verfügbarkeit. Teilweise erschweren auch gesetzliche Vorgaben und Auflagen die Nutzung solcher Dienste. Dieser klassische IT-Betrieb basiert auf historischen Annahmen, die von vielen Managern nicht ausreichend hinterfragt werden: 1) Wide Area Networks (WANs) sind entweder nicht verfügbar oder zu teuer und zu wenig leistungsfähig, sodass ein Bezug von Diensten aus der Ferne unmöglich oder nicht wirtschaftlich ist. 2) IT ist hochgradig unternehmensindividuell und erfordert deshalb eine eigene IT-Wertschöpfungskette. 3) Anforderungen an den Datenschutz, die Datensicherheit und die Stabilität der IT erfordern einen eigenen Betrieb. 4) Die interne Leistungserstellung ist günstiger, weil nur die (Voll-)Kosten der IT-Leistungserstellung gedeckt werden müssen.

Nicholas Carr[2] und andere haben diese Argumentationslinie bildhaft mit der gängigen Praxis des 19. Jahrhunderts verglichen, neben industriellen Fabriken immer auch direkt ein Kraftwerk zu errichten, das die notwendige Energie für die Produktionsprozesse liefert. Damals konnte sich niemand vorstellen, dass es gelingen würde, große Mengen an Energie über große Distanzen in definierter Qualität (zum Beispiel ohne Spannungsschwankungen) zu transportieren und zu einem akzeptablen Preis anzubieten. Auch war es unvorstellbar, die erfolgskritische Energiebereitstellung in die Hände externer Organisationen zu legen – zu verheerend wären die Auswirkungen bei Nichtlieferung oder mangelhafter Lieferung gewesen. Die Geschichte der Industrialisierung und insbesondere auch die Entwicklungen der letzten 25 Jahre haben uns eines besseren belehrt: Energie wird überall auf der Welt in nahezu gleicher Qualität zuverlässig verfügbar. Die

---

[1]Wheatley M (2016) A third of all IT infrastructure spending now goes to the cloud. siliconANGLE, 18. Jan. http://siliconangle.com/blog/2016/01/18/a-third-of-all-it-infrastructure-spending-now-goes-to-the-cloud/?es_p=1194290. Zugegriffen: 30. Apr. 2016.

[2]Carr N (2003) IT doesn't matter. Harvard Bus Rev 2003(5):5–12.

Gesetzgeber haben Standards und Verfahrensweisen definiert, wie Energie zu erzeugen, zu übermitteln, zu handeln und zu vertreiben ist. Auf dieser Basis ist Energie heute an Börsen handelbar – losgelöst von jeder Transportinfrastruktur und spezifischen Erzeugungsvorgängen.

Wir erleben ähnliches in der Welt der Informations- und Kommunikationstechnologie. Mittelfristig werden wir uns einem Szenario gegenübersehen, das dem Energiebeispiel gleicht. Genauso wie die Annahmen, die zur lokalen Errichtung von Kraftwerken führten, heute nicht mehr zutreffen, werden in wenigen Jahren (wenn nicht schon heute) die Annahmen, die einer lokalen IT-Leistungserbringung zugrunde liegen, nicht mehr zutreffen: 1) WANs sind bereits heute praktisch überall verfügbar und vergleichsweise kostengünstig und leistungsfähig. Selbst private WANs sind heute finanzierbar. Darüber hinaus wird das Internet immer häufiger erfolgreich für die Bereitstellung von Diensten der Unternehmens-IT genutzt. Verschlüsselungs- und Authentifizierungstechnologien machen dies leicht möglich. 2) IT ist zudem zu großen Teilen nicht unternehmensindividuell. Nur noch wenige Anwendungssysteme sind als wettbewerbsdifferenzierend zu bezeichnen und erfordern damit individuelle Lösungen. Infrastrukturen können heute weitgehend standardisiert werden, und auch nicht differenzierende Anwendungen sind (bereits heute) zu einem großen Teil standardisierbar. 3) Datenschutz, Datensicherheit und Stabilität erfordern nicht notwendigerweise einen eigenen Betrieb. Wenngleich ein eigener IT-Betrieb Managern das gute Gefühl vermittelt, alles in der eigenen Hand zu haben, bedeutet das nicht, dass die Belange des Datenschutzes, der Datensicherheit und Stabilität in ausreichender Weise berücksichtigt sind. Zum einen haben die Bedrohungen von außen zugenommen. Zum anderen merken viele Manager, dass es ihnen immer schwerer fällt, für eine ausreichende Sicherheit der IT zu sorgen. So kann man hinter vorgehaltener Hand von versuchten und häufig auch gelungenen Kompromittierungsversuchen hören, die jedoch selten in der Öffentlichkeit bekannt werden. Auch ohne über belastbare Zahlen zu verfügen, behaupten wir, dass heute praktisch jedes größere Unternehmen bereits erfolgreiche Attacken auf die eigene IT erlebt hat. Zum anderen verfügen große IT-Dienstleister heute über mehr Erfahrung, mehr Spezialisten und eine ausreichende Größe, um notwendige Sicherheitsvorkehrungen kosteneffizient für sich und ihre Kunden umsetzen zu können. 4) Die interne Leistungserstellung ist in vielen Fällen nicht günstiger als ein externer Leistungsbezug. Zwar sind heutige IT-Abteilungen vielfach als Kostenstellen (oder Cost Center) organisiert, die „nur" kostendeckend arbeiten müssen. Externe Leistungserbringer mit Gewinnerzielungsabsicht sind aber dennoch in vielen Fällen kosteneffizienter, da sie erhebliche Skaleneffekte realisieren können. Insbesondere für kleine bis mittlere Organisationen bietet sich daher ein externer

Leistungsbezug an, da der Aufbau entsprechender Organisationseinheiten sowie das Vorhalten kompetenten Personals oft zu teuer sind (sofern überhaupt möglich). Auch können bei der Beschaffung von Hardware und Software nicht die Preise erzielt werden, wie es bei großen IT-Dienstleistern der Fall ist. Aber selbst große Unternehmen werden sich zunehmend fragen müssen, ob der Betrieb eigener IT-Landschaften zu ihren Kernkompetenzen gehört oder er vielleicht eher von zentralen Management-Fragestellungen ablenkt.

Die Standardisierung als wesentliche Voraussetzung für zukünftige Entwicklungen

Die zuvor beschriebenen Trends erlauben es Unternehmen, in noch nie da gewesener Art und Weise generische Infrastruktur- und Geschäftsanwendungsdienste extern zu beziehen. Eine weitgehende Standardisierung ist dabei gleichzeitig Voraussetzung für sowie logische Konsequenz dieser Entwicklung. Die Zunahme der Standardisierung ergibt sich aus verschiedenen Einzeltrends. Zum einen hat der Wettbewerbsdruck in vielen Segmenten des IT-Marktes zugenommen, was zu Verdrängungs- und Marktkonsolidierungsentwicklungen geführt hat. So konnte man beispielsweise in den Märkten für Mikroprozessoren, Betriebssysteme oder auch Datenbanken in den vergangenen Jahrzehnten eine erhebliche Verringerung der Anbieteranzahl beobachten. Dieser Trend wird sich auch in jüngeren oder neuen Marktsegmenten fortsetzen, etwa im noch jungen Markt für Big-Data-Lösungen. Zum anderen arbeiten Berufs- und Fachverbände, Industriekonsortien und -netzwerke sowie Normierungsinstitutionen an der Vereinheitlichung von beispielsweise Schnittstellentechnologien, Dateiformaten oder auch Netzwerkprotokollen. Dabei hat eine Umkehr im Denken stattgefunden. Während noch vor zehn bis 15 Jahren die Normierung meist erst dann einsetzte, wenn sie aufgrund technologischer Vielfalt und Inkompatibilitäten unumgänglich und von den Kunden vehement eingefordert wurde, arbeiten die Hersteller heute meist sehr frühzeitig an einheitlichen Systemen, Prozessen und Protokollen – wohl wissend, dass sie ansonsten keine Chance haben, ihre Produkte zu platzieren. Das Beispiel der Cloud-Angebote für den Betrieb von virtuellen Maschinen illustriert diese Entwicklung. Hier haben praktisch alle Anbieter von Anfang an bestehende Industriestandards unterstützt, anstatt zu versuchen, eigene Standards zu definieren.

Da sich die Digitale Transformation nicht allein auf Einzelunternehmen erstreckt, sondern auch unternehmensübergreifende Wertschöpfungsprozesse („Supply Chains"), gesellschaftspolitische und soziale Lebensbereiche erreicht, sind sichere und stabile IT-Infrastrukturen von besonderer Bedeutung für die

Nationalstaaten und deren Regierungen. Wir erleben bereits heute, dass der Gesetzgeber Maßnahmen zur Sicherung kritischer Infrastrukturen ergreift. Das wird sich in Hinblick auf IT in der Zukunft noch verstärken. Es steht zu erwarten, dass es Gesetze und Verordnungen geben wird, die bestimmte Sicherheits- und Stabilitätsanforderungen definieren und durchsetzen. Wir dürfen daher davon ausgehen, dass auch der Gesetzgeber die Standardisierung von IT vorantreiben wird. Er tut dies bereits heute, allerdings zumeist nur in Form von Empfehlungen. Ein Beispiel ist das Bundesamt für Sicherheit in der Informationstechnik (BSI), das beispielsweise mit dem IT-Grundschutz ein Regelwerk für die Sicherung von Informations- und Kommunikationstechnologie vorlegt.[3]

Es ist nicht verwunderlich, dass insbesondere diejenigen Unternehmen, die generische IT-Dienste anbieten, auf Standards setzen. Ihre Dienste lassen sich von Kunden nur dann einfach verwenden und schnell in bestehende IT-Landschaften integrieren, wenn sie gängige Standards verwenden beziehungsweise auf diesen aufsetzen. Dies betrifft beispielsweise Datenbankschnittstellen oder Netzwerk-Protokolle zum Zugriff auf Speicherdienste. Allerdings bedeutet das zum jetzigen Zeitpunkt noch nicht, dass extern betriebene Cloud-Infrastrukturen, die von einem Anbieter bezogen werden, leicht auf einen anderen Anbieter übertragbar wären. Diese technische Möglichkeit steckt noch in den Kinderschuhen.

Es ist also davon auszugehen, dass in der Zukunft der IT grundlegende IT-Dienste mehr als je zuvor hochgradig standardisiert sind. Diese Standardisierung fördert die Vergleichbarkeit von Angeboten und erleichtert Anbieterwechsel. Aus Sicht heutiger IT-Organisationen besteht der größte Vorteil aber erst einmal darin, dass eigene Infrastrukturen zunehmend leichter durch Cloud basierte Infrastrukturen ersetzt werden können.

IT als Dienstleistung und Handelsware

Die Standardisierung von IT-Infrastrukturen hat aber noch einen anderen Effekt zur Folge: IT-Dienste werden handelbar. So können Anbieter von Cloud-Diensten in Zeiten geringer (saisonaler) Nachfrage ihre Preise senken und bei hoher Nachfrage eine Preisanpassung nach oben vornehmen. Kurzfristige Preisanpassungen werden möglich und nötig, weil Kunden vielfach von der sogenannten Elastizität von Cloud-Infrastrukturen profitieren wollen; das heißt sie wollen nur genau

---

[3]Bundesamt für Sicherheit in der Informationstechnik (2014) IT-Grundschutz-Kataloge. https://www.bsi.bund.de/DE/Themen/ITGrundschutz/ITGrundschutzKataloge/itgrund-schutzkataloge_node.html. Zugegriffen: 30. Apr. 2016.

diejenigen Dienste und Kapazitäten bezahlen, die sie tatsächlich in Anspruch nehmen. In Zeiten geringer Informationsverarbeitung (beispielsweise während der Betriebsferien in den Sommermonaten) fallen die IT-Kosten geringer aus, in „heißen Phasen" in der Winterzeit dann dementsprechend höher. Folglich können Anbieter von Cloud-Diensten in den Sommermonaten günstigere Preise anbieten – in der Hoffnung, dass andere Kunden die frei gewordenen Kapazitäten nutzen. Auf globaler Ebene macht dieses Prinzip besonders viel Sinn, da so Marktmechanismen dabei helfen können, das knappe Gut IT bestmöglich unter den Nachfragern zu verteilen.

Die nächste Entwicklungsstufe besteht dann darin, Infrastrukturdienste an Börsen frei zu handeln. Das kann man sich besonders gut für IT-Dienste vorstellen, die sehr homogen und hochstandardisiert sind, da es in diesen Fällen für die Marktteilnehmer wenig Unsicherheit beziehungsweise Informationsasymmetrien gibt. Grundsätzlich kommen drei Basisdienste in verschiedenen Ausprägungen und Qualitätsklassen infrage: 1) *Rechenleistung:* Hier werden Cloud-Rechenkapazitäten gehandelt, das heißt im Prinzip ungenutzte Mikroprozessorzeit in meist virtualisierten Computersystemen. 2) *Speicherdienste:* Hier geht es um die dauerhafte Speicherung von Daten. Es gibt bereit heute verschiedene Leistungsklassen mit unterschiedlichen Schwerpunkten in Bezug auf Speicherdauer, Häufigkeit der Lese- und Schreibzugriffe usw. 3) *Übertragungsleistung:* Hier geht es um Netzwerkbandbreiten. Denkbar sind auch „Prioritätskontingente", das heißt Zusicherungen, dass eigene Daten in bestehenden Netzwerkinfrastrukturen prioritär übertragen werden.

Wir dürfen davon ausgehen, dass es mittel- bis langfristig Betriebssystemdienste beziehungsweise Middleware geben wird, die in der Lage sind, dynamisch bereitgestellte Cloud-Ressourcen für den Benutzer völlig transparent in die eigene Infrastruktur zu integrieren. Auch wird es unter Umständen keine Rolle spielen, bei welchem Dienstanbieter bestimmte Daten physisch gespeichert werden. Wichtig ist allein, dass Verfügbarkeits- und Sicherheitsanforderungen erfüllt sind und der Dienstanbieter hierfür seine vertragliche zugesicherte Bezahlung erhält.

Auch wenn die technische Realisierbarkeit derart flexibler und elastischer, an Märkten gehandelter Infrastrukturen noch nicht vollumfänglich gegeben ist, bereiten sich die handelnden Akteure auf dieses Szenario bereits vor. So hat die Deutsche Börse bereits erste Schritte in Richtung eines offenen Marktes für Cloud-Dienste unternommen.[4] Zwar wurde dieser Dienst mangels Nachfrage

---

[4]Deutsche Börse Cloud Exchange AG. https://cloud.exchange/. Zugegriffen: 30. Apr. 2016.

wieder eingestellt[5], aber Fachexperten sind sich einig, dass eine steigende Nachfrage zu erwarten ist und damit die erfolgreiche Einrichtung einer entsprechenden Börse in der Zukunft möglich und wahrscheinlich sein wird.

Veränderung des Anbieterspektrums

Die Entwicklung hin zum einfachen Bezug von hochstandardisierten Infrastrukturdiensten auf freien Märkten wird eine deutliche Veränderung der Struktur des IT-Marktes nach sich ziehen. Während traditionell Hardware- und Softwarelieferanten sowie Beratungshäuser (inklusive Entwicklung und Systemintegration) unterschieden wurden, fächert sich das Anbieterspektrum nun deutlich auf, und die Bedeutung der Anbieterklassen für IT-Organisationen verschiebt sich.

Mit den klassischen *Anbietern von Hardware* werden IT-Organisationen in Zukunft immer weniger zu tun haben. Die Nutzung von Cloud-Diensten macht die Beschäftigung mit Server-Infrastrukturen obsolet. Selbst lokale Hardware wie Endgeräte für die Anwender, LANs oder auch Drucker werden zunehmend als Dienstleistung bezogen und nicht mehr direkt beim Hardwarehersteller beschafft. In ähnlicher Weise wird die Bedeutung von *Standardsoftware-Anbietern* auf Basis eines On-Premise-Geschäfts zurückgehen. Stattdessen wird es zu einer Ausweitung von Cloud-basierten Softwarediensten kommen (siehe unten).

Outsourcing-Anbieter wird es in einer Übergangsphase vermehrt geben. Meist wird es für Unternehmen nicht möglich sein, ihre IT-Infrastruktur sofort vollständig in die Public Cloud zu verlagern. Trotzdem kann dann mit Hilfe von Outsourcing-Dienstleistern der Betrieb der eigenen Infrastruktur abgegeben werden. Auch wird es immer spezielle Architekturdomänen in bestimmten Branchen geben, die nicht durch generische Cloud-basierte Infrastrukturen abgedeckt werden können oder dürfen (zum Beispiel Steuerungssysteme im Kraftwerksbetrieb). Langfristig werden Outsourcing-Anbieter jedoch einen erheblichen Teil ihres Geschäftes verlieren. Dieses wird in Richtung von Cloud-basierten Software- und Infrastrukturdiensten sowie sogenannten „Managed Services" bewegen (siehe unten).

Auch *Softwareentwicklungsfirmen* wird es weiterhin geben. Die Digitalisierung wird in vielen Bereichen gänzlich neue Lösungen erfordern, die nicht unmittelbar durch Standardsoftware oder Cloud-Dienste abgedeckt werden können. In diesen Fall wird auch weiterhin eine Individualentwicklung notwendig sein. Es ist

---

[5]Herrmann W (2016) Deutsche Börse Cloud Exchange gibt auf. CIO, 10. Febr. http://www.cio.de/a/deutsche-boerse-cloud-exchange-gibt-auf,3253713. Zugegriffen: 30. Apr. 2016.

aber nicht damit zu rechnen, dass der Bereich der individuellen Softwareentwicklung signifikant wachsen wird.

Infrastructure-as-a-Service-Anbieter (IaaS-Anbieter) liefern grundlegende Infrastrukturdienste, wie beispielsweise Speicher- oder Datenbanklösungen und virtuelle Server. Dieses Marktsegment wird ein erhebliches Wachstum erfahren, weil es in der Zukunft den Großteil der IT-Infrastrukturen in Unternehmen abdecken wird. Auf dieser Basis offerieren *Platform-as-a-Service-Anbieter (PaaS-Anbieter)* Ökosysteme, die auch Komponenten wie Entwicklungswerkzeuge, generische Anwendungsfunktionalitäten, Ablaufumgebungen oder auch Softwaremarktplätze umfassen können. Plattformen haben verschiedene Vorteile. Unter anderem können Sie den Softwareentwicklungsprozess deutlich beschleunigen, die Integrationsfähigkeit von Software erhöhen oder auch eine leichtere Vermarktung von Endprodukten unterstützen. Demzufolge ist damit zu rechnen, dass PaaS-Angebote in der Zukunft erheblich an Bedeutung gewinnen werden. Schließlich entwickeln *Software-as-a-Service-Anbieter (SaaS-Anbieter)* Standardsoftwarelösungen, die als Cloud-Angebot direkt von Endkunden genutzt werden können. Bereits heute erfährt dieses Konzept eine weite Verbreitung. Insbesondere kleine und mittlere Unternehmen nutzen entsprechende Angebote, da die Softwarebereitstellung zeitnah und oft kostengünstig erfolgen kann. Außerdem ist keine besondere Infrastruktur erforderlich und es sind keine IT-Experten für Betriebs- und Bereitstellungsaufgaben vorzuhalten. Darüber hinaus kann das SaaS-Konzept dazu genutzt werden, Kosten zu variabilisieren und dynamisch Kapazitäten abzurufen – in Abhängigkeit von der tatsächlichen aktuellen Nachfrage. Analysten gehen davon aus, dass SaaS die dominierende Delivery-Methode der zukünftigen Softwarewelt sein wird.[6]

Systemintegratoren konfigurieren bestehende Systeme und entwickeln kundenindividuelle Schnittstellen zwischen Systemen, um spezifische Integrationsanforderungen von Kunden zu befriedigen. Zunehmend wird dies auch die Einbindung von Cloud-basierten Lösungen (IaaS, PaaS, SaaS) umfassen. In ähnlicher Weise offerieren *„Cloud-Manager"* ergänzende Services zu obigen Cloud-Anbietern, da insbesondere die sehr großen Cloud-Service-Anbieter keinerlei Beratungsleistungen oder Dienstleistungen jenseits standardisierter SLAs und AGBs sowie einer elementaren Grundversorgung anbieten. Beispielsweise gibt es oft keinen umfassenden Helpdesk oder eine Unterstützung bei der Konfiguration der Cloud-Dienste. Dies wird zunehmend von Anbietern übernommen, die sich meist auf einige wenige ausgewählte große Cloud-Service-Anbieter spezialisieren und

---

[6]Praxmarer L, Peichert L (2015) Die wichtigsten IT-Trends für 2016. CIO, 09. Dez. http://www.cio.de/a/die-wichtigsten-it-trends-fuer-2016,3251266. Zugegriffen: 30. Apr. 2016.

ergänzende Dienstleistungen anbieten. Cloud-Manager „veredeln" damit bestehende Cloud-Dienste und sorgen dafür, dass diese mit minimaler Beteiligung der Endkunden genutzt werden können. Darüber hinaus ist damit zu rechnen, dass es in der Zukunft *Intermediäre* (insbesondere Börsen) geben wird, die mit verfügbaren Infrastrukturdiensten beziehungsweise -kapazitäten handeln.

Wie aus dieser Darstellung hervorgeht, wird sich das Gefüge der IT-Branche signifikant verändern. Bereits heute arbeiten insbesondere die großen Anbieter daran, sich entsprechend dieser Veränderungen zu positionieren. So haben mittlerweile alle großen Softwareanbieter SaaS- und vielfach auch PaaS-Lösungen im Angebot. Im Bereich der IaaS-Angebote zeichnet sich bereits heute ab, wer auf absehbare Zeit die marktführenden Unternehmen sein werden. Hier sind als Beispiele insbesondere Amazon mit seinen Web Services[7] und Microsoft Azure[8] zu nennen. Beide Unternehmen bieten ein sehr weitreichendes Infrastrukturdienstportfolio aus der Cloud, das bereits heute die Infrastrukturbedarfe vieler Unternehmen vollständig abgedeckt. Neben Speicherlösungen, Servern und Datenbanksystemen werden zunehmend komplexe Dienste angeboten, wie beispielsweise Big-Data-Plattformen oder Systeme für maschinelles Lernen. Unternehmen wie TecRacer[9] beherrschen als Cloud-Manager diese Technologien und helfen Unternehmen, sie für sich zu nutzen.

Auf dem Weg zur „Cloud-Readiness"

Bereits heute können sich Unternehmen auf die zuvor skizzierten Trends vorbereiten. Die Migration in Richtung Cloud-basierter Infrastrukturen und Anwendungssysteme wird deutlich einfacher werden, wenn die Unternehmensarchitektur in Hinblick auf diese Veränderung vorbereitet wurde. Eine solche Vorbereitung ist sehr wichtig, da ansonsten bestehende Ineffizienzen mit in die Cloud-basierte Infrastruktur überführt werden, was die Beratungs-, Implementierungs- und späteren Betriebsaufwände und -kosten erhöht. Darüber hinaus kann die Migration technische Veränderungen erfordern, die bereits heute durchgeführt werden können. Wann, wie und mit wem entsprechende Migrationsprojekte durchgeführt werden, kann dann auch noch zu einem späteren Zeitpunkt entschieden werden. Die folgenden Gestaltungsempfehlungen können unabhängig von

---

[7]https://aws.amazon.com. Zugegriffen: 30. Apr. 2016.
[8]https://azure.microsoft.com. Zugegriffen: 30. Apr. 2016.
[9]https://www.tecracer.de/. Zugegriffen: 30. Apr. 2016.

konkreten Produkten, Konfigurationen und Anbietern ausgesprochen werden. Für den Fall, dass der Weg in die Public Cloud zunächst noch nicht gegangen werden soll, kann mithilfe dieser Maßnahmen auch ein klassisches Outsourcing der eigenen IT-Leistungserstellung gut vorbereitet werden.

Es empfiehlt sich, zunächst den Grad der Virtualisierung der eigenen Infrastruktur zu erhöhen. Virtualisierte Infrastrukturen lassen sich meist deutlich leichter auf Basis von IaaS-Diensten betreiben. Daher bietet es sich an, eine möglichst weitgehende Virtualisierung der eigenen Infrastruktur zu prüfen und, wenn möglich, anzustreben. Dies kann auch weitere positive Effekte wie eine verbesserte Auslastung der eigenen Hardware oder eine vereinfachte Administration mit sich bringen.

Die Migration in Richtung Cloud wird darüber hinaus schneller und kostengünstiger, wenn die IT-Landschaft weitgehend harmonisiert ist. Damit ist gemeint, dass pro Hardware- und Softwaregattung möglichst wenig Produkte oder Systemtypen im Einsatz sind. Beispielsweise hilft es, wenn nur ein zentrales E-Mail-System betrieben wird und in einer Konzernumgebung eher ein oder zwei als fünf CRM-Produkte genutzt werden. Die Vereinfachung der IT-Landschaft gestaltet sich in jenen Bereichen besonders einfach, die keinen differenzierenden Charakter für das Unternehmen haben. Hier lassen sich etwaige Nachteile der Vereinheitlichung zumeist akzeptieren. In differenzierenden Bereichen ist jedoch deutlich vorsichtiger vorzugehen; hier droht der Verlust von Wettbewerbsvorteilen, sollte die Vereinheitlichung zu weit getrieben werden.

Neben der Vereinheitlichung der Systeme sollte auch deren Vereinfachung angestrebt werden. Damit ist gemeint, dass die Anzahl der Systeme beziehungsweise Systemkomponenten so weit wie möglich reduziert wird. In umfangreichen IT-Umgebungen kommt es nicht selten vor, dass Architekturen unnötig komplex oder Teile der Architektur gar nicht mehr genutzt werden. So sind verwaiste Server ohne Nutzeraktivität oder unnötig komplizierte Netzwerktopologien keine Seltenheit.

Darüber hinaus kann geprüft werden, welche Komponenten der IT-Landschaft bereits „Cloud-ready" sind und in welchen Bereichen beziehungsweise an welchen Stellen gegebenenfalls noch nachgebessert werden muss. Eine mögliche Nachbesserung kann beispielsweise dadurch erfolgen, dass nicht Cloud-fähige Software durch Cloud-fähige ersetzt wird. Grundsätzlich sollte darüber hinaus sichergestellt werden, dass Erweiterungen oder signifikante Veränderungen der Architektur nur dann vorgenommen werden, wenn sie eine spätere Migration in Richtung Cloud nicht erschweren oder verhindern. Das kann beispielsweise im Kontext des Unternehmensarchitekturmanagements durch entsprechende Architekturstandards und -prinzipien sichergestellt werden.

Den (strategischen) Einkauf vorbereiten

Die Vereinfachung von IT-Infrastrukturen auf Basis von IaaS, PaaS und SaaS impliziert nicht notwendigerweise, dass der Einkauf solcher Leistungen einfacher wird – im Gegenteil: Der Einkauf wird komplexer und strategischer. Zum einen werden die Verträge mit den Dienstleistern komplexer, weil die Leistungsbündel komplexer werden. Das trifft zwar nicht unbedingt für hochstandardisierte Infrastrukturdienste zu, mit Sicherheit aber für Managed Services, bei denen Dienstleistungsbündel von Dritten kombiniert, integriert und überwacht werden. Zum anderen nimmt die operative wie strategische Abhängigkeit von Providern zu, sodass ein dediziertes Beziehungsmanagement in den meisten Fällen von großer Bedeutung ist. Die Überwachung von zugesicherten Service Levels, das Screening des Marktes und der Preisentwicklung sowie das langfristige Management des Provider-Portfolios stellen den (IT-)Einkauf vor neue Herausforderungen. Hier kann und sollte frühzeitig reagiert werden. Entsprechende Prozesse, Strukturen, Regelungen und Zuständigkeiten sind frühzeitig zu definieren, zu erproben und zu institutionalisieren. So können die mit dem externen Leistungsbezug verbundenen Risiken deutlich minimiert werden.

Überblick: Handelsware Infrastruktur

- Nicht differenzierende Elemente von IT-Landschaften werden in Zukunft aus der Cloud bezogen.
- Der Grund hierfür ist, dass der heutige Rechenzentrumsbetrieb auf Annahmen basiert, die größtenteils bereits jetzt nicht mehr zutreffen.
- Cloud-basierte IT-Landschaften werden daher in der Zukunft deutlich an Bedeutung gewinnen.
- Standardisierungen auf allen Ebenen der Unternehmensarchitektur sind ein wesentlicher Treiber für diese Entwicklung.
- In der Folge wird sich das Anbieterspektrum auf dem IT-Markt deutlich verändern.
- Klassische Hard- und Softwareanbieter verlieren an Bedeutung; IaaS-, PaaS- und SaaS-Anbieter gewinnen dazu.
- Neue spezialisierte Anbieter, die Cloud-basierte IT-Landschaften planen, umsetzen, integrieren und managen können, werden an Bedeutung gewinnen.
- Unternehmen tun gut daran, sich auf diese Entwicklung vorzubereiten; auf den strategischen IT-Einkauf kommen neue Herausforderungen zu.

Literatur

Bundesamt für Sicherheit in der Informationstechnik (2014) IT-Grundschutz-Kataloge. https://www.bsi.bund.de/DE/Themen/ITGrundschutz/ITGrundschutzKataloge/itgrundschutzkataloge_node.html. Zugegriffen: 30. Apr. 2016

Carr N (2003) IT doesn't matter. Harvard Bus Rev 2003(5):5–12

Deutsche Börse Cloud Exchange AG. https://cloud.exchange/. Zugegriffen: 30. Apr. 2016

Herrmann W (2016) Deutsche Börse Cloud Exchange gibt auf. CIO, 10. Febr. http://www.cio.de/a/deutsche-boerse-cloud-exchange-gibt-auf,3253713. Zugegriffen: 30. Apr. 2016

https://aws.amazon.com. Zugegriffen: 30. Apr. 2016

https://azure.microsoft.com. Zugegriffen: 30. Apr. 2016

https://www.tecracer.de/. Zugegriffen: 30. Apr. 2016

Praxmarer L, Peichert L (2015) Die wichtigsten IT-Trends für 2016. CIO, 09. Dez. http://www.cio.de/a/die-wichtigsten-it-trends-fuer-2016,3251266. Zugegriffen: 30. Apr. 2016

Wheatley M (2016) A third of all IT infrastructure spending now goes to the cloud. siliconANGLE, 18. Jan. http://siliconangle.com/blog/2016/01/18/a-third-of-all-it-infrastructure-spending-now-goes-to-the-cloud/?es_p=1194290. Zugegriffen: 30. Apr. 2016

Digitalisierung als Risiko – Security und Business Continuity Management sind zentrale Querschnittsfunktionen des Unternehmens

Das wesentliche Merkmal der Digitalen Transformation ist der innovative Einsatz von Informationstechnologien mit unmittelbarem Geschäftsnutzen für das Unternehmen. Wie wir an verschiedenen Stellen in diesem Buch bereits hervorgehoben haben, bietet die Digitalisierung der Geschäftswelt zahlreiche Chancen durch IT-basierte Wertschöpfung-, Produkt- und Geschäftsmodellinnovationen. Aber auch in diesem Kontext kommen die Nutzenpotenziale nicht ohne dazugehörige Risiken einher. Mit zunehmender Durchdringung von Informationstechnologie sind die Unternehmen der digitalen Welt immer stärker von der Verfügbarkeit ihrer IT-Systeme abhängig. Gleichzeitig führt die leichte Zugänglichkeit von Systemen über das Internet zu einer erhöhten Verwundbarkeit. Entsprechend wird IT-Sicherheit zur „hässlichen Schwester der Digitalisierung", wie es Ralf Schneider, Group CIO der Allianz bei den Hamburger IT-Strategietagen Anfang 2016 auf den Punkt brachte.[1]

Je nach Branche und Geschäftsmodell (etwa Banken oder Börsen) kann ein vollständig ausgefallenes System bereits heute das Aus für das betroffene Unternehmen bedeuten. Des Weiteren wird Informationstechnologie mit dem Einzug in Produkte und Dienstleistungen auch in zunehmendem Maße das körperliche Wohlergehen von Individuen beeinflussen – man denke etwa an das selbstfahrende Automobil, an Roboter im Pflegebereich oder an autonome Steuerungssysteme von Kraftwerken. Beim Blick in die Unternehmen haben wir jedoch das Gefühl, dass IT-Risiken von vielen Unternehmen gegenwärtig noch unterschätzt und oftmals nicht vollständig beherrscht werden. Ein wesentlicher Grund hierfür

---

[1]Hülsbömer S (2016) IT-Sicherheit – Die hässliche Schwester der Digitalisierung. CIO, 18. Febr. http://www.cio.de/a/it-sicherheit-die-haessliche-schwester-der-digitalisierung,3253997. Zugegriffen: 30. Apr. 2016.

© Springer-Verlag Berlin Heidelberg 2016
N. Urbach und F. Ahlemann, *IT-Management im Zeitalter der Digitalisierung*,
DOI 10.1007/978-3-662-52832-7_9

ist, dass IT-Sicherheitsprobleme derzeit meist noch eine geringe Tragweite haben und viele Führungskräfte diesbezüglich noch nicht ausreichend sensibilisiert sind. Mit zunehmender Kritikalität sehen wir jedoch ein effektives IT-Sicherheits- und Business Continuity Management als zentrale Kompetenzen für die nachhaltige Geschäftätigkeit, welche als Querschnittsfunktionen eines Unternehmens organisiert werden sollten. Die Entwicklung von Sicherheitskompetenzen wird damit zu einer wichtigen Aufgabe des Digital Business.

IT-Sicherheitsrisiken heute meist mit geringer Tragweite

Das Thema IT-Sicherheit ist bereits heute in dem meisten Unternehmen integraler Bestandteil der IT-Governance und wird durch dedizierte Rollen wie dem Chief Information Security Officer (CISO) verantwortet. Die Wichtigkeit von IT-Security und entsprechenden Sicherheitsrichtlinien wird dabei regelmäßig betont – vor allem dann, wenn wieder einmal Schreckensmeldungen von Virusbefällen oder anderen Internet-basierten Angriffen durch die Presse gehen. Auch wenn die Bedeutsamkeit von IT-Sicherheit in den Unternehmen in den letzten Jahren angestiegen ist[2], so haben wir bei einem tieferen Blick in die Unternehmen gleichzeitig das Gefühl, dass das Thema nach wie vor eine eher untergeordnete Rolle spielt und dem gestiegenen und weiter steigenden Stellenwert von Informationstechnologie im Geschäftskontext nicht ausreichend Rechnung getragen wird. IT-Risiken werden von vielen Unternehmen signifikant unterschätzt und im Ernstfall nicht vollständig beherrscht. Zu einer ähnlichen Einschätzung kommt auch eine Befragung von 200 CIOs und CTOs in Deutschland.[3] Der Studie zur Folge spielen Gefahren für die eigene IT bei den Überlegungen von Unternehmenslenkern häufig keine wichtige Rolle. Ganze 46 % der Studienteilnehmer gaben an, dass das Senior-Management Problemen mit der IT-Sicherheit keine Priorität einräumt. Gleichzeitig stellten 43 % der Befragten ein erhöhtes Aufkommen an Sicherheitsvorfällen fest. Zu vergleichbaren Schlussfolgerungen kommt auch eine Untersuchung im Auftrag des Bundesministeriums für Wirtschaft und Technologie zum

---

[2]Ziemann F (2011) 2011 State of Security Survey: Bedeutung der IT-Sicherheit in Unternehmen steigt. PC Welt, 02. Sept. http://www.pcwelt.de/news/Bedeutung-der-IT-Sicherheit-in-Unternehmen-steigt-3402089.html. Zugegriffen: 30. Apr. 2016.

[3]Robert Half Technology (2014) Studie: Jede zweite Führungskraft unterschätzt Cyber-Security, 01. Dez. https://www.roberthalf.de/presse/studie-jede-zweite-fuehrungskraft-unter-schaetzt-cyber-security. Zugegriffen: 30. Apr. 2016.

IT-Sicherheitsniveau in kleinen und mittleren Unternehmen (KMU).[4] Den Studienergebnissen nach erscheint vor dem Hintergrund der hohen einzelwirtschaftlichen Bedeutung von Informationstechnologie das IT-Sicherheitsniveau der KMU in Deutschland als stark verbesserungsbedürftig. Zwar sei ein hohes Bewusstsein für die Relevanz des Themas IT-Sicherheit vorhanden und ein gewisses Niveau an technischen Maßnahmen nahezu flächendeckend erreicht. Es mangele den Untersuchungsergebnissen nach aber an organisatorischen und personellen Maßnahmen sowie an der Einsicht, dass Vorfälle im IT-Bereich elementare Prozesse der Geschäftätigkeit dauerhaft stören können und dass IT-Sicherheitsroutinen zwingend etabliert sowie definierte Abläufe bei Notfälle vorhanden sein sollten.

Der oft noch stiefmütterliche Umgang mit dem Thema IT-Sicherheit hat in den meisten Fällen noch nicht zu größeren Problemen geführt. Der wesentliche Grund dafür ist, dass die auftretenden IT-Sicherheitsprobleme für die Unternehmen meist noch eine geringe Tragweite haben. Einerseits ist in vielen Fällen die eintretende Schadenshöhe überschaubar. Andererseits kann ein Ausfall von IT-Komponenten von bis zu einigen Tagen oftmals noch gut verkraftet werden. Bereits heute gibt es aber auch Unternehmen beziehungsweise Branchen, für die bereits ein kleinerer IT-Schadensfall zur geschäftskritischen Bedrohung werden kann. Naheliegende Beispiele sind Online-Unternehmen sowie Banken und Wertpapierbörsen, für die ein Ausfall von Teilen der IT-Infrastruktur signifikante wirtschaftliche Implikationen hätte – bis hin zum Aus der Geschäftätigkeit. Gleichermaßen können derartige Ausfälle bei kritischen Infrastrukturen etwa im Bereich der Energieversorgung oder im Gesundheitswesen ein unmittelbares Gefährdungspotenzial für die Bevölkerung haben.

Ein entsprechendes Schreckensszenario beschreibt Marc Elsberg in seinem lesenswerten Roman „Blackout"[5]. Aufgrund von Hackerangriffen brechen in diesem fiktiven Fall in ganz Europa alle Stromnetze zusammen. Als Konsequenz kommt das öffentliche Leben vollständig zum Erliegen und bürgerkriegsähnlich Zustände brechen aus. Natürlich werden die meisten IT-Sicherheitsrisiken nicht notwendigerweise eine solche Tragweite haben. Die Angriffe der Ransomware „Locky" haben aber bereits gezeigt, welcher Schaden allein durch „einfachen Virenbefall" entstehen kann. So wurden in diesem Zusammenhang zu Spitzenzeiten

---

[4]Bundesministerium für Wirtschaft und Technologie (2012) IT-Sicherheitsniveau in kleinen und mittleren Unternehmen, Sept. https://www.bmwi.de/BMWi/Redaktion/PDF/S-T/studie-it-sicherheit,property=pdf,bereich=bmwi2012,sprache=de,rwb=true.pdf. Zugegriffen: 30. Apr. 2016.

[5]Elsberg M (2013) BLACKOUT – Morgen ist es zu spät. Blanvalet Taschenbuch, München.

mehr als 5000 Neuinfektionen pro Stunde allein in Deutschland gezählt.[6] Im Ergebnis waren unter anderem mehrere Krankenhäuser für einige Tage nur eingeschränkt funktionsfähig, weil viele Systeme heruntergefahren werden mussten.[7]

Die Bedrohungen werden vielfältiger

Durch die Ubiquität des Internets, der immer weiteren Verbreitung von Informationstechnologie und der zunehmenden Vernetzung von Systemen nimmt die Bedrohungslage in der Tat zu. Galt es lange Zeit, sich „nur" gegen Schadprogramme, insbesondere Viren, zu schützen, gibt es heute ganz neue sicherheitsrelevante Herausforderungen, von denen einige wichtige hier skizziert werden sollen.

Die vielleicht allgemein bekannteste Bedrohung geht von den erwähnten *Schadprogrammen* aus, die sich nicht zielgerichtet gegen einzelne Unternehmen oder Anwender richten, aber trotzdem zu erheblichen Beeinträchtigungen des IT-Betriebs führen kann. Hierzu zählt insbesondere Viren-Software, welche die Kontrolle über Computersysteme erlangen und unmittelbar zu Datenverlust führen kann. Zum Schutz vor solchen Bedrohungen helfen bis zu einem gewissen Grad die seit vielen Jahren verfügbaren Virenschutzprogramme – sofern eine regelmäßige Aktualisierung dieser Systeme gewährleistet ist.

Einen erheblichen Zuwachs haben in den letzten Jahren Internet-basierte *Betrügereien und Wirtschaftskriminalität* erfahren. Bemerkenswert ist hier insbesondere, dass der Grad organisierter Kriminalität in diesem Bereich erheblich zugenommen hat. Charakteristisch für die damit verbundene Bedrohung ist, dass Einzelpersonen oder auch Banden versuchen, sich Zugang zu wichtigen Unternehmensressourcen zu verschaffen (in der Regel Geldmittel). Die Vorgehensweisen sind dabei vielfältig und reichen vom Versand von Phishingmails bis hin zum Kompromittieren ganzer Unternehmensinfrastrukturen. Nicht selten wird dabei sehr professionell vorgegangen. So gibt es Kriminelle, die versuchen über Mitarbeiter des Unternehmens Zugang zu Systemen erlangen. Beispiele sind der Versand hochgradig personalisierter und damit glaubwürdiger Phishingmails oder

---

[6]Eikenberg H (2016) Krypto-Trojaner Locky wütet in Deutschland: Über 5000 Infektionen pro Stunde, 19. Februar 2016. http://www.heise.de/security/meldung/Krypto-Trojaner-Locky-wuetet-in-Deutschland-Ueber-5000-Infektionen-pro-Stunde-3111774.html. Zugegriffen: 30. Apr. 2016.
[7]Borchers D (2016) Ransomware-Virus legt Krankenhaus lahm, 12. Febr. 2016. http://www.heise.de/newsticker/meldung/Ransomware-Virus-legt-Krankenhaus-lahm-3100418.html. Zugegriffen: 30. Apr. 2016.

der Versuch, persönliche Beziehungen zu Mitarbeitern aufzubauen. So wird von einem Fall berichtet, bei dem die Eindringlinge als Vertreter einer Sicherheitsfirma bei einer Mitarbeiterin der Buchhaltung vorstellig wurden und sie baten, sich für sie am SAP-System anzumelden, damit man einige Sicherheitschecks durchführen könne. So konnten Zahlungsanweisungen erstellt werden, und später wurde über fingierte Mails versucht, Führungskräfte davon zu überzeugen, diese freizugeben.

Nicht von der Hand zu weisen ist auch die Gefahr eines *Angriffs von innen.* Frustrierte, enttäuschte oder kriminelle Mitarbeiter können sich destruktiv verhalten und dem Unternehmen Schaden zuführen, indem Daten gelöscht, Systeme zerstört oder Geschäftsvorgänge initiiert werden, die nicht im Sinne des Unternehmens sind. Sich gegen solche Angriffe zu wehren, ist besonders schwierig und erfordert ein ausgereiftes Zugriffsmanagement sowie eine Zuverlässige Sicherung der IT-Ressourcen.

Es ist weiterhin davon auszugehen, dass das Problem des *Cyber-Terrorismus* in den kommenden Jahren an Relevanz gewinnen wird. Hierbei geht es nicht darum, ein einzelnes Unternehmen zu treffen, sondern einen Staat, eine Region oder einen spezifischen Teil der Gesellschaft zu schädigen, mit dem Ziel, eigene politische oder religiöse Interessen durchzusetzen. Bisher ist die Bundesrepublik Deutschland zwar noch nicht Opfer weitreichender cyber-terroristischer Attacken geworden, aber es ist nicht ausschließen, dass dies zukünftig passieren kann. Unternehmen können von solchen Angriffen sowohl direkt als auch indirekt betroffen sein. Eine direkte Wirkung liegt vor, wenn die eigene IT-Infrastruktur beziehungsweise eigene Applikationen in den Mittelpunkt rücken. Indirekte Wirkungen liegen vor, wenn kritische (öffentliche) Infrastrukturen betroffen und Leistungsaustauschbeziehungen zu anderen Organisationen beeinträchtigt sind. Dies ist zum Beispiel dann der Fall, wenn Logistikprozesse aufgrund eines Anschlags auf Verkehrssysteme nicht mehr funktionieren oder auch keine Energie mehr bezogen werden kann, weil Kraftwerke attackiert wurden und nicht mehr funktionsfähig sind.

Bereits heute fürchten viele Unternehmen die *Wirtschaftsspionage,* und nicht wenige Unternehmen sind hiervon bereits Opfer geworden. So hat eine im Jahr 2015 veröffentlichte Studie des Digitalverbands Bitkom ergeben, dass gut die Hälfte der teilnehmenden Unternehmen in den letzten zwei Jahren Opfer von digitaler Wirtschaftsspionage, Sabotage oder Datendiebstahl geworden sind. Der am stärksten gefährdete Wirtschaftszweig ist den Ergebnissen zufolge die Automobilindustrie, gefolgt von der Chemie- und Pharma-Branche sowie den Banken und Versicherungen. Nach konservativen Berechnungen des Bitkom beläuft sich der entstandene Schaden für die gesamte deutsche Wirtschaft durch Spionageangriffe auf etwa 51 Mrd. EUR pro Jahr. Rund ein Viertel dieser Summe entsteht durch Umsatzeinbußen durch Plagiate. Es folgen Patentrechtsverletzungen an zweiter sowie Umsatzverluste durch den Verlust von Wettbewerbsvorteilen an dritter Stelle.[8]

Nicht zuletzt muss darauf hingewiesen werden, dass viele sicherheitsrelevante Vorfälle in Unternehmen nicht das Ergebnis mangelhafter technischer Schutzvorkehrungen sind, sondern das Ergebnis menschlichen Fehlverhaltens. So helfen die besten Kennwörter nicht, wenn Sie weitergegeben werden oder auf Zetteln geschrieben am Monitor kleben. Die redundante Auslegung kritischer Infrastrukturen und die besten Firewalls sind nutzlos, wenn es Sicherheits- und Aufsichtskräfte verpassen Unbefugten den Zutritt zum Rechenzentrum zu verweigern. Eine rein technische Sicherung des Unternehmens wird daher nicht ausreichen, um sich vor Gefahren zu schützen.

Sichere und stabile IT wird zur geschäftskritischen Ressource

Spätestens durch die Digitalisierung wird eine sichere und stabile IT zur geschäftskritischen Ressource. IT-Sicherheitsvorfälle werden demnach für die meisten Unternehmen nicht mehr nur zu einer Beeinträchtigung führen, sondern potenziell geschäftsgefährdende Auswirkungen haben können. Vor dem Hintergrund der zunehmenden Bedeutung der Verarbeitung personenbezogener Daten in der digitalen Wirtschaft, steigt zudem die Wichtigkeit von Datensicherheit und Datenschutz. Diesbezügliche Probleme können zu einem starken Vertrauensverlust bei Kunden und Geschäftspartnern führen, die ebenfalls geschäftskritische Implikationen nach sich ziehen können. So ging beispielsweise die kanadische Tochterfirma der US-amerikanischen Handelskette Target im Jahr 2015 bankrott, nachdem bei einen Hacker-Angriff 40 Mio. Datensätze über Kredit- und Bankkarten samt PINs sowie Daten von 70 Mio. Kunden erbeutet wurden. Viele Kunden mieden nach dem Angriff die Geschäfte, da sie Kreditkartenzahlungen dort nicht mehr als sicher empfunden hatten und Barzahlungen von vielen kanadischen Verbrauchern nicht als Alternative wahrgenommen wurden.[9]

---

[8]Bitkom (2015) Digitale Angriffe auf jedes zweite Unternehmen, 16. Apr. https://www.bitkom.org/Presse/Presseinformation/Digitale-Angriffe-auf-jedes-zweite-Unternehmen.html. Zugegriffen: 30. Apr. 2016.

[9]Sokolov D (2015) Ein Jahr nach Datenleck: Target Kanada ist Pleite. heise online, 13. Febr. http://www.heise.de/tp/artikel/44/44121/1.html. Zugegriffen: 30. Apr. 2016.

Durch die Digitalisierung erhöht sich jedoch nicht nur die Bedeutsamkeit von IT-Sicherheit für das Business. Mit dem Einzug von IT in digitale Produkte und Dienstleistungen kann im Schadensfall auch das körperliche Wohlergehen von Individuen betroffen sein. So greift das Internet of Things mit steigender Anzahl an Aktoren und Sensoren immer tiefer in unsere Alltagswelt ein. Vormals „unkritische Systeme" sind mehr und mehr als „mission-critical" einzustufen. Naheliegende Beispiele sind hier das selbstfahrende Automobil, Roboter im Pflegebereich oder autonome Steuerungssysteme von Kraftwerken. Aber auch Störungen bei autonomen Robotern, die in Produktionsprozessen mit menschlichen Akteuren zusammenarbeiten, oder bei sensiblen Infrastrukturen etwa im Schienenverkehr könnten verheerende Folgen nach sich ziehen.

Entwicklung von Sicherheitskompetenzen für das Digital Business

Vor dem Hintergrund einer steigenden IT-Durchdringung im Geschäftskontext werden das IT-Sicherheits- und Business Continuity Management zu zentralen Kompetenzen für eine nachhaltige Geschäftstätigkeit. Hierbei geht es auf der einen Seite um den proaktiven Umgang mit potenziellen IT-Sicherheitsrisiken, um die Wahrscheinlichkeit ihres Auftretens so klein wie möglich zu halten. Auf der anderen Seite muss die Fortführung der Geschäftstätigkeit im Schadensfall sichergestellt werden. Aufgrund der deutlich steigenden Tragweite von IT-Sicherheitsrisiken bedarf es dabei Ansätze, die weit über die üblichen heutigen Implementierungen hinausgehen. Neben klassischen Sicherheitsanalysen mit dem Fokus auf Datenschutz und -sicherheit sowie Ausfall- und Abhängigkeitsanalysen mit dem Fokus auf der Fortführung der Geschäftstätigkeit, wird es in Zukunft darum gehen, Menschen, Organisationen und die Gesellschaft vor autonomen Systemen mit Fehlfunktionen jeder Art zu schützen. Dabei wird das Gefährdungspotenzial vermutlich überproportional in dem Maße steigen, in dem Systeme miteinander vernetzt sind, Systeme autonomer agieren und intelligenter werden sowie Menschen von Systemen abhängiger werden. Der Grund für diese überproportionale Steigerung liegt darin, dass mit jeder Vernetzung und jeder autonomen, intelligenten Komponente eine Vielzahl an Sicherheitsrisiken zu beachten ist.[10]

---

[10]Groß H (2013) Industrie 4.0 – Vernetzung braucht IT-Sicherheit, Lancom Systems, Juni 2013. https://www.lancom-systems.de/download/documentation/Whitepaper/Studie_Industrie_4.0_v3.pdf. Zugegriffen: 30. Apr. 2016.

Die zunehmende Vernetzung schafft ein höheres Zugangspotenzial für Viele und somit eine höhere Wahrscheinlichkeit von Angriffen. Beispielsweise entsteht durch die Möglichkeit der Anbindung von Maschinen an das Internet die Möglichkeit, weltweit etwa zu Wartungszwecken auf diese Geräte zuzugreifen. Selbstverständlich sollte aber nicht jeder, sondern nur ein bestimmter Personenkreis auf eine Konfigurationsschnittstelle zugreifen können. Entsprechend sind zwingend Sicherheitsmechanismen notwendig, um die Vorteile der Anbindung an das Internet – zeit- und ortsungebundener Zugriff – mit der Einschränkung des Zugriffs zu kombinieren. Durch die zunehmende Vernetzung steigt aber auch das Schadenspotenzial eines Sicherheitsangriffs. So hat ein Angriff auf den Personal Computer eines Büroangestellten im Zweifel nicht nur Auswirkungen auf diesen selbst, sondern könnte beispielsweise auch die Steuerung der Maschinen in der Produktion betreffen. Die Konsequenzen in Bezug auf die IT-Sicherheit werden schnell offensichtlich: Je interaktiver und vernetzter die Systeme werden, desto weitreichender und dadurch größer können die Schäden sein, die durch Sicherheitsausfälle entstehen können.

Gleichzeitig werden die Fehlerpotenziale durch die immer stärker vernetzten und dadurch sehr komplex werdenden Systeme zunehmend schwieriger zu identifizieren und zu durchdringen. Bereits heute beobachten wir eine zunehmende Fehleranfälligkeit von Systemen, die in der Vergangenheit oftmals deutlich fehlerfreier liefen. Ein anschauliches Alltagsbeispiel ist das Automobil. Hier ging die Entwicklung der vergangenen Jahre sehr stark zu immer besser ausgestatteten und sichereren Autos. Gleichzeitig machte die technische Aufrüstung die Autos auch immer komplexer und anfälliger für Fehler. So zeigt eine Studie des Center of Automotive Management, dass im Jahr 2015 allein in den USA mehr als 45 Mio. Autos wegen Sicherheitsproblemen in die Werkstätten zurückgerufen wurden. Damit seien zweieinhalb Mal mehr Fahrzeuge von Rückrufen betroffen, als im gleichen Zeitraum im amerikanischen Markt verkauft wurden.[11] Eine vergleichbare Entwicklung hat auch die Unternehmens-IT in den vergangenen Jahren durchlaufen – denken wir nur an die gewachsenen und äußerst komplexen IT-Architekturen in den meisten Unternehmen. Durch eine stärkere Durchdringung von Informationstechnologie in Produkten und Dienstleistungen im Rahmen der Digitalen Transformationen wird sich dieser Trend vermutlich eher verstärken als reduzieren.

---

[11]CIO (2016) Studie: Technische Aufrüstung macht Autos immer fehleranfälliger. CIO, 15. Jan. http://www.cio.de/a/technische-aufruestung-macht-autos-immer-fehleranfaelliger,3221838. Zugegriffen: 30. Apr. 2016.

IT-Sicherheit als Aufgabe des Gesamtunternehmens

Als spezifische Handlungsempfehlungen für Unternehmen, die für die Digitale Transformation gewappnet sein wollen, sehen wir zum einen die Entwicklung eines umfassenden IT-Sicherheitsmanagements. Hierbei geht es darum, in einem fortlaufenden Prozess die IT-Sicherheit des Unternehmens zu gewährleisten und dadurch die Wahrscheinlichkeit des Auftretens von IT-Sicherheitsvorfällen sowie das Ausmaß potenzieller Schäden so gering wie möglich zu halten. Die besondere Notwendigkeit eines umfassenden IT-Schutzes wurde in Deutschland sogar bereits von der Politik erkannt und seit Mitte 2015 mit dem „Gesetz zur Erhöhung der Sicherheit informationstechnischer Systeme" – besser bekannt unter dem Namen „IT-Sicherheitsgesetz – adressiert. Das Gesetz regelt unter anderem, dass vor allem Betreiber kritischer Infrastrukturen ein Mindestniveau an IT-Sicherheit einhalten und IT-Sicherheitsvorfälle dem Bundesamt für Sicherheit in der Informationstechnik (BSI) melden müssen.[12] Die Implementierung eines grundlegenden IT-Sicherheitsmanagement ist aufgrund bereits etablierter Standards und Regelwerke nicht schwierig. So können Standards wie ISO 27.001 und die Empfehlungen des BSI eine gute Grundlage bilden.[13]

Ein umfassendes und funktionierendes IT-Sicherheitsmanagement wird nicht zu realisieren sein, wenn keine ausreichende Transparenz über die Architektur der Infrastruktur- und Applikationslandschaft gegeben ist. Deshalb ist ein zumindest rudimentäres Architekturmanagement zwingende Voraussetzung für das IT-Sicherheitsmanagement. Hier ist zumindest zu fordern, dass die IT-Landschaft dokumentiert und in Hinblick auf Sicherheitsaspekte bewertet ist. Das bedeutet, dass Architekturkomponenten in Hinblick auf ihren Schutzbedarf zu klassifizieren sind. Danach sind dem Schutzbedarf entsprechende Sicherheitskonzepte zu entwickeln und zu implementieren.

Da aber auch mit dem besten IT-Sicherheitskonzept keine vollständige Sicherheit garantiert werden kann, sehen wir als zweites Handlungsfeld das Aufsetzen eines wirksamen Business Continuity Managements. Hierbei geht es um die Sicherstellung des Fortbestands des Unternehmens im Krisenfall, was im

---

[12]Bundesministerium des Innern (2015) Gesetz zur Erhöhung der Sicherheit informationstechnischer Systeme (IT-Sicherheitsgesetz), 17. Juli 2015. https://www.bmi.bund.de/ SharedDocs/Downloads/DE/Gesetzestexte/it-sicherheitsgesetz. Zugegriffen: 30. Apr. 2016.

[13]Bundesamt für Sicherheit in der Informationstechnik (o. J.) ISO 27001 Zertifizierung auf Basis von IT-Grundschutz. https://www.bsi.bund.de/DE/Themen/ZertifizierungundAnerkennung/Managementsystemzertifizierung/Zertifizierung27001/GS_Zertifizierung_node. html. Zugegriffen: 30. Apr. 2016.

Digitalen Business vor allem (wenn auch nicht ausschließlich) die Fortführung des Informationstechnologiebetriebs betrifft. Dazu müssen die Unternehmen im Rahmen einer Risikoanalyse sämtliche kritischen Geschäftsprozesse aufspüren. Anschließend gilt es, für diese kritischen Prozesse ein Notfallmanagement aufzusetzen. Einen Leitfaden dafür, wie ein solches Business Continuity Management aussehen kann, stellt beispielsweise Bundesamt für Sicherheits- und Informationstechnik (BSI) mit dem BSI-Standard 100-4 bereit.[14]

Nachvollziehbarerweise werden die Themen IT-Sicherheit- und Business Continuity Management in den meisten Unternehmen primär als Aufgaben der Unternehmens-IT verstanden. Entsprechend scheint das Sicherheitsbewusstsein in den Fachbereichen geringer auszufallen als in der IT-Organisation. So zeigt eine jüngst von IBM durchgeführte Studie unter Beteiligung von 5200 IT-Entscheidern, dass 76 % der befragten CIOs das Thema IT-Sicherheit als erfolgskritische Stellschraube für die Digitalisierung erachten, jedoch lediglich 67 % der befragten CxOs.[15] Aufgrund der im Rahmen der Digitalen Transformationen steigenden Bedeutung einer sicheren und stabilen IT für das Gesamtunternehmen sollte das Thema IT-Sicherheit jedoch nicht mehr als alleinige IT-Angelegenheit aufgefasst werden. Vielmehr sollte es als Aufgabe des Gesamtunternehmens verstanden und gelebt werden. Um das IT-Sicherheitsniveau nachhaltig anzuheben, ist es erforderlich, dass IT-Sicherheit von der Unternehmensleitung als strategisch relevant erkannt wird. Nur so erhält die IT-Organisation neben den notwendigen Befugnissen und der finanziellen Ausstattung auch die erforderliche politische Rückendeckung, um entsprechende Maßnahmen im Unternehmen durchzusetzen zu können. Wir halten dies auch deshalb für wichtig, da die meisten IT-Gefahren von Innen, also den Mitarbeitern selbst, kommen. Erst wenn IT-Sicherheit als unternehmensstrategische Aufgabe erkannt wird, werden auch die Mitarbeiter eine Sensibilität für dieses Thema entwickeln. Entsprechend sollten IT-Security und Business Continuity Management aus der reinen Verantwortung der Unternehmens-IT herausgenommen und als Querschnittsfunktion des Gesamtunternehmens organisiert werden.

Hat ein Unternehmen erst einmal ein stimmiges Sicherheitskonzept etabliert, seine Mitarbeiter sensibilisiert und geschult sowie moderne Sicherheitstechnologien

---

[14]Bundesamt für Sicherheit in der Informationstechnik (2008) BSI-Standard 100-4 – Notfallmanagement, Version 1.0. https://www.bsi.bund.de/SharedDocs/Downloads/DE/BSI/Publikationen/ITGrundschutzstandards/standard_1004_pdf.pdf?__blob=publicationFile. Zugegriffen: 30. Apr. 2016.

[15]Pütter C (2016) Stellschrauben der Digitalisierung: Wo CIOs daneben liegen. CIO, 17. März. http://www.cio.de/a/wo-cios-daneben-liegen,3255180. Zugegriffen: 30. Apr. 2016.

eingesetzt, muss eine größtmögliche Sicherheit nicht mehr als Hemmschuh betrachtet, sondern kann als ein echter Wettbewerbsvorteil angesehen werden[16]. Nach innen können entsprechende Lösungen dann als besonders gut angesehen werden, wenn sie kaum bemerkt werden, aber im Hintergrund in effektiver und effizienter Weise Angriffe verhindern und im Notfall für eine Fortführung der Geschäftstätigkeit sorgen. Ein starkes IT-Sicherheitsmanagement kann im Erfolgsfall aber auch nach außen wirken und zur Reputation des digitalen Unternehmens beitragen.

Überblick: Digitalisierung als Risiko

- Das Thema IT-Sicherheit spielt in einigen Unternehmen eine untergeordnete Rolle.
- IT-Sicherheitsrisiken haben heute meist eine geringe Tragweite.
- Durch die Digitalisierung entwickelt sich eine sichere und stabile IT zur geschäftskritischen Ressource.
- IT-Sicherheitsvorfälle können in zunehmendem Maße geschäftsgefährdende Auswirkungen haben.
- Mit dem Einzug von IT in Produkte und Dienstleistungen kann im Schadensfall auch in zunehmendem Maße das körperliche Wohlergehen von Individuen betroffen sein.
- Die Entwicklung von Sicherheitskompetenzen wird zu einer wichtigen Aufgabe der Digitalen Transformation.
- IT-Sicherheits- und Business Continuity Management werden zu zentralen Aufgaben für eine nachhaltige Geschäftstätigkeit und als Querschnittsfunktion des Unternehmens organisiert.

Literatur

Bitkom (2015) Digitale Angriffe auf jedes zweite Unternehmen, 16. Apr. https://www.bitkom.org/Presse/Presseinformation/Digitale-Angriffe-auf-jedes-zweite-Unternehmen.html. Zugegriffen: 30. Apr. 2016

---

[16]Schasche S (2015) IT-Sicherheit ist von strategischer Bedeutung. Computerwoche, 17. Sept. http://www.computerwoche.de/a/it-sicherheit-ist-von-strategischer-bedeutung,3216059. Zugegriffen: 30. Apr. 2016.

Borchers D (2016) Ransomware-Virus legt Krankenhaus lahm, 12. Febr. 2016. http://www.
heise.de/newsticker/meldung/Ransomware-Virus-legt-Krankenhaus-lahm-3100418.
html. Zugegriffen: 30. Apr. 2016

Bundesamt für Sicherheit in der Informationstechnik (2008) BSI-Standard 100-4 – Notfall-
management, Version 1.0. https://www.bsi.bund.de/SharedDocs/Downloads/DE/BSI/
Publikationen/ITGrundschutzstandards/standard_1004_pdf.pdf?__blob=publicationFile.
Zugegriffen: 30. Apr. 2016

Bundesamt für Sicherheit in der Informationstechnik (o. J.) ISO 27001 Zertifizierung auf
Basis von IT-Grundschutz. https://www.bsi.bund.de/DE/Themen/ZertifizierungundAn-
erkennung/Managementsystemzertifizierung/Zertifizierung27001/GS_Zertifizierung_
node.html. Zugegriffen: 30. Apr. 2016

Bundesministerium des Innern (2015) Gesetz zur Erhöhung der Sicherheit informationstechnischer Systeme (IT-Sicherheitsgesetz), 17. Juli 2015. https://www.bmi.bund.de/Shared-
Docs/Downloads/DE/Gesetzestexte/it-sicherheitsgesetz. Zugegriffen: 30. Apr. 2016

Bundesministerium für Wirtschaft und Technologie (2012) IT-Sicherheitsniveau in kleinen
und mittleren Unternehmen, Sept. https://www.bmwi.de/BMWi/Redaktion/PDF/S-T/
studie-it-sicherheit,property=pdf,bereich=bmwi2012,sprache=de,rwb=true.pdf.
Zugegriffen: 30. Apr. 2016

CIO (2016) Studie: Technische Aufrüstung macht Autos immer fehleranfälliger. CIO, 15.
Jan. http://www.cio.de/a/technische-aufruestung-macht-autos-immer-fehleranfaelliger,
3221838. Zugegriffen: 30. Apr. 2016

Eikenberg H (2016) Krypto-Trojaner Locky wütet in Deutschland: Über 5000 Infektionen
pro Stunde, 19. Februar 2016. http://www.heise.de/security/meldung/Krypto-Trojaner-
Locky-wuetet-in-Deutschland-Ueber-5000-Infektionen-pro-Stunde-3111774.html.
Zugegriffen: 30. Apr. 2016

Elsberg M (2013) BLACKOUT – Morgen ist es zu spät. Blanvalet Taschenbuch, München

Groß H (2013) Industrie 4.0 – Vernetzung braucht IT-Sicherheit, Lancom Systems, Juni 2013.
https://www.lancom-systems.de/download/documentation/Whitepaper/Studie_Industrie_
4.0_v3.pdf. Zugegriffen: 30. Apr. 2016

Hülsbömer S (2016) IT-Sicherheit – Die hässliche Schwester der Digitalisierung. CIO, 18. Febr.
http://www.cio.de/a/it-sicherheit-die-haessliche-schwester-der-digitalisierung,3253997.
Zugegriffen: 30. Apr. 2016

Pütter C (2016) Stellschrauben der Digitalisierung: Wo CIOs daneben liegen. CIO, 17.
März. http://www.cio.de/a/wo-cios-daneben-liegen,3255180. Zugegriffen: 30. Apr. 2016

Robert Half Technology (2014) Studie: Jede zweite Führungskraft unterschätzt Cyber-
Security, 01. Dez. https://www.roberthalf.de/presse/studie-jede-zweite-fuehrungskraft-
unterschaetzt-cyber-security. Zugegriffen: 30. Apr. 2016

Schasche S (2015) IT-Sicherheit ist von strategischer Bedeutung. Computerwoche, 17. Sept.
http://www.computerwoche.de/a/it-sicherheit-ist-von-strategischer-bedeutung,3216059.
Zugegriffen: 30. Apr. 2016

Sokolov D (2015) Ein Jahr nach Datenleck: Target Kanada ist Pleite. heise online, 13. Febr.
http://www.heise.de/tp/artikel/44/44121/1.html. Zugegriffen: 30. Apr. 2016

Ziemann F (2011) 2011 State of Security Survey: Bedeutung der IT-Sicherheit in Unternehmen steigt. PC Welt, 02. Sept. http://www.pcwelt.de/news/Bedeutung-der-IT-Sicherheit-
in-Unternehmen-steigt-3402089.html. Zugegriffen: 30. Apr. 2016

Transformierbare IT-Landschaften – IT-Architekturen sind standardisiert, modular, flexibel, ubiquitär, elastisch, kostengünstig und sicher

Heutige IT-Architekturen sind oft sehr komplex – in der Regel sehr viel komplexer als sie es sein müssten. Eine Vielzahl an Technologien, Produkten, Eigenentwicklungen, Konfigurationen und Schnittstellen fügen sich zu einem großen Ganzen zusammen, das nur noch sehr selten von einer einzigen Person zu durchdringen ist. In großen Konzernstrukturen sind nicht selten tausende betriebswirtschaftliche Anwendungssysteme im Einsatz. Hinzu kommen Telekommunikations-, Produktions-, Logistik- und andere Systeme. Die Konsequenzen liegen auf der Hand und sind jedem IT-Manager klar. Dynamische Anpassungen sind schwierig, risikobehaftet, teuer und langwierig. Dabei sollte es in Zeiten der Digitalisierung doch genau umgekehrt sein: einfach, mit überschaubarem Risiko, kostengünstig und schnell. Zu realisieren ist dies nur mit einer hochgradig standardisierten, modularen, flexiblen, ubiquitären und elastischen IT-Architektur. Das Ziel ist die „Baukasten-IT", die es ermöglicht, neue Lösungen durch die unkomplizierte Integration bestehender Module schnell und einfach zu realisieren.

Mühsame Konsolidierung und Standardisierung der IT-Architektur

Historisch ist die heutige Komplexität vieler IT-Architekturen vergleichsweise leicht zu erklären. Über Jahrzehnte wurden Geschäftsanforderungen durch die Entwicklung monolithischer Einzelsysteme (Silos) abgedeckt. Integrationserfordernisse standen nicht im Kern der entsprechenden Projekte. Die Folge ist eine geringe Integrationstiefe, die sich beispielsweise durch Medienbrüche, geringe Datenqualität oder auch hohe Wartungsaufwände bemerkbar macht. Um diesen

N. Urbach und F. Ahlemann, *IT-Management im Zeitalter der Digitalisierung,*
DOI 10.1007/978-3-662-52832-7_10

Herausforderungen zu begegnen, wurden mehr und mehr Schnittstellen entwickelt, die jedoch keinem übergeordneten einheitlichen Konzept folgten. Die Konsequenz waren Punkt-zu-Punkt-Verbindungen auf Basis ganz unterschiedlicher Paradigmen und Protokolle. Hinzu kam eine sehr hohe technologische Vielfalt aufgrund einer Vielzahl an Technologieanbietern und generell einer geringen Standardisierung innerhalb der IT-Branche.

Erste Ansätze, diesen Herausforderungen zu begegnen, blieben oft erfolglos. So hat sich beispielsweise die Idee, Unternehmensdatenmodelle zu entwickeln und als Grundlage für die (Weiter-)Entwicklung von Informationssystemen zu verwenden, in den meisten Fällen nicht als zielführend erwiesen. Die Nutzung von großen Standard-Softwaresystemen für ERP, CRM oder SCM hat zwar vielen Unternehmen geholfen, Integrationsherausforderungen zu mindern. Dafür wurde aber vielfach der Preis wenig erfolgreicher oder vollständig gescheiterter Einführungsprojekte sowie ausfernder Konfigurationserfordernisse gezahlt.

Heute leiden noch immer viele Organisationen unter ihren viel zu komplexen IT-Architekturen. Die Konsequenzen sind vielschichtig: Ohne geeignete Gegenmaßnahmen kommt es zu einem Verlust an Transparenz und in der Folge zu erhöhten Risiken, Komplexitätskosten sowie abnehmender Flexibilität und auch Geschwindigkeit bei der Umsetzung neuer Lösungen. In der Summe kann dies die Fähigkeit beeinträchtigen, neue (digitale) Strategien erfolgreich umzusetzen.

Ansätze zur Komplexitätsreduktion

Zur Bewältigung dieser Herausforderungen haben Wissenschaft und Praxis eine Reihe von Ansätzen entwickelt. Durch *Standardisierung* soll die IT-Landschaft grundsätzlich einheitlicher werden.[1] Hierbei geht um die Reduktion von Technologie-, Produkt- und Prozessvielfalt (siehe Kap. 8). Unterstützt wird die Standardisierung durch Marktkonsolidierungstrends in fast allen Sektoren sowie durch die Entwicklung von Industriestandards und Normen. Trotzdem ist darüber hinaus eine „interne Standardisierung" erforderlich, bei der es darum geht, die IT-Landschaft zu erheben und zu analysieren, an welchen Stellen es eine übermäßige, das heißt nicht notwendige Vielfalt von Technologien, Produkten und Prozessen gibt. Beispielsweise kann so die Anzahl der Datenbankmanagementsysteme, der Betriebssysteme,

---

[1]Dittes S, Urbach N, Ahlemann F (2014) IT-Standardisierung – Vom Lippenbekenntnis zu nachhaltigem Nutzen. Wirtschaftsinform & Manag 6(4):29–39.

der Entwicklungsplattformen oder auch der Instanzen eines Anwendungssystems verringert werden.

Artverwandt und umfassender ist der Ansatz des Unternehmensarchitekturmanagements (Enterprise Architecture Management, EAM), bei dem es darum geht, durch zielgerichtete Analyse-, Planungs- und Umsetzungsprozesse die IT-Landschaft (und zunehmend auch die Geschäftsprozesse) in Richtung eines gewünschten Zielzustandes weiterzuentwickeln.[2] Die notwendigen Veränderungen sind dabei meist sehr langfristiger Natur und erfordern ein strategisches Commitment. Leider entfalten viele EAM-Initiativen nicht den gewünschten Effekt. Dies liegt häufig daran, dass die mit EAM befassten Architekten nicht über die notwendigen Einflussmöglichkeiten und Entscheidungsrechte verfügen. Zudem ist es entscheidend, einen Ansatz für das EAM zu wählen, der zur Organisation und zur bestehenden IT-Landschaft passt. So ist es beispielsweise wenig Erfolg versprechend, zu versuchen, sehr große, komplexe IT-Landschaften vollständig in Form von Modellen zu erfassen und auf Basis vollständiger Informationen eine Zielarchitektur zu entwickeln. Viele IT-Architekturen sind hierfür zu komplex und zu dynamisch, sodass allein die Erhebung der relevanten Daten zu aufwendig wäre.

Mit dem Architekturmanagement eng verbunden sind speziellere Ansätze wie das Datenqualitäts-[3] und Stammdatenmanagement[4]. Sie stellen eine Reaktion auf das Problem mangelnder Datenintegrität, -verfügbarkeit und -aktualität dar. Beim ersten Ansatz geht es darum, die Qualität von Daten durch dedizierte Prozesse, Regelwerke, Architekturprinzipien und Verantwortlichkeiten über Anwendungsgrenzen hinweg systematisch zu verbessern. Beim Letzteren geht es insbesondere um eine zentrale und systematische Verwaltung von Stammdaten, die oft zu den wichtigsten Datenbeständen in einem Unternehmen gehören. Beide Ansätze sind ähnlich, überlappen sich und haben in den vergangenen Jahren insbesondere in großen Unternehmen eine besondere Verbreitung gefunden.

Es ist nicht überraschend, dass die Technologieanbieter selbst Lösungen geschaffen haben, die dazu dienen sollen, die Komplexität von IT-Landschaften zu reduzieren und wieder handlungsfähig zu werden. Hierzu gehören unter

---

[2]Ahlemann F, Stettiner E, Messerschmidt M, Legner C (2012) Strategic enterprise architecture management: challenges, best practices, and future developments. Springer Science & Business Media, Berlin.

[3]Otto B, Österle H (2015) Corporate Data Quality: Voraussetzung erfolgreicher Geschäftsmodelle. Springer Gabler, Berlin.

[4]Scheuch R, Gansor T, Ziller C (2012) Master Data Management: Strategie, Organisation, Architektur. dpunkt, Heidelberg.

anderem serviceorientierte Architekturen (Service-Oriented Architecture, SOA)[5], Entwicklungsplattformen und -frameworks. Die Grundidee ist dabei simpel und einleuchtend. Anstatt Integrationserfordernissen mit individuellen Punkt-zu-Punkt-Schnittstellen zu begegnen, bieten Systeme einen einheitlichen Satz an offenen Schnittstellen, die von allen Nachbarsystemen gemeinsam genutzt werden. Das reduziert die Schnittstellenzahl allein schon erheblich. Hinzu kommen eine Vereinheitlichung der Schnittstellentechnologie (beispielsweise durch das Simple Object Access Protocol, SOAP) sowie komplexe Hub-orientierte Transportsysteme (Enterprise Service Bus, ESB), die Aspekte wie Verschlüsselung, Authentifizierung oder Nachrichtentransport in komplexen Netzwerktopologien übernehmen. Der konsequente Einsatz von SOA reduziert nicht allein die Komplexität der Schnittstellenarchitektur, er sorgt auch für ein höheres Maß an Wiederverwendung. SOA erlaubt nämlich nicht nur den Austausch von Daten zwischen Systemen. Vielmehr können auch Funktionalitäten anderer Systeme durch Funktionsaufrufe (Remote Procedure Calls, RPC) genutzt werden. SOA und darauf aufbauende weitergehende Konzepte werden zunehmend durch Entwicklungsplattformen und -frameworks unterstützt. Dadurch werden Einarbeitungs- und Implementierungsaufwände aufseiten der Softwareentwickler reduziert und der Entwicklungsprozesse beschleunigt. Das SOA-Konzept ist in der Praxis angekommen, hat aber nicht die weite Verbreitung erfahren, die vor einigen Jahren prophezeit wurde. Vielfach eingesetzt ist es insbesondere im Bereich von Banken und Versicherungen. Das ist nicht verwunderlich, weil hier vielfach noch immer Individualentwicklungen dominieren und die Integrationserfordernisse besonders herausfordernd sind. So verfolgt beispielsweise die ING-DiBa die Strategie, durch offene Schnittstellen die Wiederverwendung von Code und bestehenden Lösungen zu maximieren, um schneller kundenorientierte Lösungen entwickeln zu können.[6]

Das SOA-Konzept und die entsprechenden Technologien haben eine kontinuierliche Weiterentwicklung erfahren. Heute werden sogenannte *Microservices* diskutiert.[7] Hierbei handelt es sich um sehr feingranulare Softwarefunktionen, die über offene Dienste angeboten werden. Sie können einfach und schnell

[5]Starke G, Tilkov S (2007) SOA-Expertenwissen: Methoden, Konzepte und Praxis serviceorientierter Architekturen. dpunkt, Heidelberg.

[6]Lixenfeld C (2015) Keine IT-Abteilung mehr nötig: Die Digitalstrategie der ING-Diba. CIO, 9. Juli. http://www.cio.de/a/die-digitalstrategie-der-ing-diba,3109668. Zugegriffen: 30. Apr. 2016.

[7]Wolff E (2015) Microservices: Grundlagen flexibler Softwarearchitekturen. dpunkt, Heidelberg.

miteinander verbunden werden, um komplexere Systeme zu implementieren beziehungsweise Prozesse zu unterstützen. Microservices basieren auf der Erkenntnis, dass sich eine Vielzahl von einfachen Services leichter warten lässt und der Grad der Wiederverwendung steigt. Ob sich das Konzept auf breiter Front durchsetzen wird, kann noch nicht abschließend gesagt werden.

Insgesamt ist festzustellen, dass sich viele Unternehmen heute noch in einem Prozess der Architekturoptimierung befinden und viele Ist-Architekturen nur bedingt auf die Erfordernisse der Digitalisierung vorbereitet sind. Die oben skizzierten Ansätze sind fruchtbar, werden aber allein nicht genügen, um den Erfordernissen der Digitalisierung gerecht zu werden.

Zukünftige IT-Landschaften müssen einfach transformierbar sein

Die Digitale Transformation stellt aus verschiedenen technischen wie betriebswirtschaftlichen Gründen besondere Anforderungen an IT-Architekturen. Auf der technischen Seite ist mit dem Einsatz neuer Technologien zu rechen. Trends wie das *Internet of Things* oder *Industrie 4.0* führen dazu, dass ganz neue Geräteklassen im Entstehen begriffen sind, die in bestehende Infrastrukturen zu integrieren sind. Hier haben sich jedoch vielfach noch keine Konsolidierungs- und Standardisierungsprozesse vollzogen. Deshalb ist zunächst mit einer deutlichen Komplexitätssteigerung der Architekturen zu rechnen. Hinzu kommt, dass aus betriebswirtschaftlicher Sicht gefordert wird, dass digitale Innovationen problemlos und schnell umgesetzt werden können, um im Wettbewerb bestehen zu können. Daraus leiten sich zusätzlich zur oben beschriebenen Standardisierung die nachfolgend beschriebenen Eigenschaften zukünftiger IT-Architekturen ab.

Die elementarste Forderung betrifft die *Modularität*. Die Gesamtarchitektur ist auf Basis einzelner in sich geschlossener und durch definierte Schnittstellen nutzbarer Einzelkomponenten zu gestalten. Die interne Funktionsweise der Komponenten wird hingegen versteckt. Das reduziert Komplexität und erlaubt eine isolierte Weiterentwicklung der Komponenten. Gleichzeitig können vorhandene Komponenten nach Bedarf miteinander kombiniert werden, um neue Geschäftsanforderungen abzudecken. Hierbei kommt es dann zur mehrfachen Nutzung („Reuse"), was Entwicklungsaufwände reduziert und Entwicklungsprozesse beschleunigt. Die Idee der Modularität ist vergleichsweise alt, ist aber die vielleicht wesentlichste Voraussetzung für die „Baukasten-IT". Es stammt aus der frühen Zeit des Software-Engineerings und liegt vielen heutigen Lösungsarchitekturen als Prinzip zugrunde.

Eine modulare IT-Architektur kann ihre Vorteile nur dann voll ausspielen, wenn eine hohe *Flexibilität* gegeben ist. Damit ist gemeint, dass beliebige Komponenten von verschiedenen Herstellern auf Basis beliebiger Produkte miteinander kombinierbar werden können, um die Integration zu erhöhen und neue Anforderungen leicht umsetzen zu können. Dies funktioniert nur dann, wenn standardisierte Schnittstellen auf Basis einheitlicher Technologien Verwendung finden. Die Standardisierung der Schnittstellen bezieht sich dabei auf zwei Aspekte. Auf der einen Seite sind Schnittstellen syntaktisch zu harmonisieren, das heißt, sie müssen dieselben Protokolle und Datenformate verwenden. So kann ein Unternehmen beispielsweise entscheiden, SOAP auf Basis des Hypertext Transfer Protocol Secured (HTTPS) zu verwenden oder einen bestimmten ESB zu nutzen. Auf der anderen Seite ist eine semantische Harmonisierung herbeizuführen, die sich etwa auf die Definition von Geschäftsobjekten, die Bedeutung von Datenfeldern aber auch bestimmte Geschäftsregeln beziehen kann. Als Beispiel kann hier das Supply-Chain-Operations-Reference-Modell (SCOR) angeführt werden, das unternehmensinterne und -übergreifende Geschäftsprozesse des Supply Chain Managements spezifiziert.[8]

Zukünftige IT-Architekturen werden *ubiquitär* in dem Sinne sein, dass sie überall, das heißt weltweit verfügbar sein werden. Dies kann zum einen über sorgfältig geplante redundante Auslegung der Systeme erfolgen. In diesem Fall ist meist das Problem der redundanten Datenhaltung mit den nachgelagerten Konsistenz- und Aktualitätsproblemen zu lösen. Alternativ werden bestehende WANs genutzt, um die Architektur verfügbar zu machen. In den allermeisten Fällen wird man hier aus gutem Grund auf das Internet beziehungsweise auf virtuelle Netze auf Basis des Internets zurückgreifen. Ubiquitär bedeutet darüber hinaus aber auch, dass Architekturen alle jeweils relevanten Endgeräte unterstützen. Das impliziert eine strikte Trennung von Geschäftslogik sowie Ein-/Ausgabe und führt zu differenzierten Schichtenmodellen, die aber heute bereits üblich sind. So wird schon jetzt in vielen Unternehmen gefordert, dass alle Anwendungssysteme Web-basierte Frontends verwenden sollen. Das hat den Vorteil, dass alle Endgeräteklassen unterstützt werden, und hat weiterhin den positiven Nebeneffekt, dass das Deployment einer Anwendung kein Problem mehr darstellt.

---

[8]Bolstorff PA, Rosenbaum RG, Poluha RG (2007) Spitzenleistungen im Supply Chain Management – Ein Praxishandbuch zur Optimierung mit SCOR. Springer, Berlin.

Schließlich ist zu fordern, dass IT-Architekturen der Zukunft *elastisch* sind. Damit ist gemeint, dass Kapazitäten entsprechend der Nachfrage dynamisch auf- und wieder abgebaut werden können, um so zu einer Variabilisierung der IT-Kosten zu gelangen. In diesem Zusammenhang sind insbesondere Architekturen zu nennen, die auf Public-Cloud-Angebote, wie Infrastructure-as-a-Service (IaaS) aufsetzen. Cloud-Angebote haben insbesondere den Vorteil, dass IT-Ressourcen leicht von mehreren Nachfragern parallel genutzt werden können. So lassen sich Lastspitzen vermeiden, und es kommt zu einer gleichmäßigeren Auslastung vorhandener IT-Ressourcen (siehe Kap. 8).

Eng verbunden mit der Elastizität ist die Forderung, dass IT-Architekturen *kostengünstig* sein sollen. Dies ist besonders in Hinblick auf die oft zu hohen Komplexitätskosten zu sehen, die aus Architekturen resultieren, welche aus zu vielen Einzelelementen bestehen, die wiederum eine hohe Verschiedenartigkeit aufweisen. Ansätze zur Komplexitätsreduktion (siehe oben) können hier helfen. Eine kostengünstige IT wird in Zeiten der Digitalisierung in mehr und mehr Unternehmen eine große Auswirkung auf eine kostengünstige Wertschöpfungskette haben und kann damit in Zukunft wettbewerbsentscheidend sein. Nicht umsonst führen bereits heute viele Unternehmen Benchmarking-Projekte durch, um zu prüfen, ob sie im Vergleich zu ähnlichen Unternehmen in ihrer Branche aber auch zu externen Outsourcing-Dienstleistern und Public Cloud-Anbietern konkurrenzfähige IT-Kostenstrukturen haben. Der steigende Grad der Standardisierung in der IT erleichtert dabei Kostenvergleiche.

Die zunehmende Abhängigkeit der Unternehmen von Informationstechnologie verbunden mit immer neue Bedrohungsszenarien erfordert eine *sichere* IT-Architektur. Diese wird bereits heute und auch in Zukunft sogar vom Gesetzgeber gefordert. Der Sicherheitsbegriff wird dabei immer umfassender. Längst geht es nicht mehr nur um den Schutz von Daten. In Zeit des Internet of Things mit Sensoren und Aktoren und der immer weitergehenden Durchdringung aller Lebensbereiche mit IT kann auch das unmittelbare Wohlergehen von Einzelpersonen oder Personengruppen bis hin zur Gesamtgesellschaft von der Sicherheit der Informationstechnologie abhängig sein. So können beispielsweise Roboter, die direkt mit Menschen interagieren, zur Gefahr werden, wenn Schadprogramme ihre Steuerung übernehmen (siehe Kap. 9).

Viele der zuvor beschriebenen Anforderungen sind praktisch nur über (Public) Cloud-Konzepte sinnvoll realisierbar. Modularität, Flexibilität und Ubiquität sind als Grundeigenschaften jedem umfassenden Cloud-Angebot zu eigen. Die Bereitstellung sicherer Architekturen ist durch interne Mitarbeiter meist nicht besser zu realisieren als durch die Experten von Public Cloud-Diensten. Im Gegenteil: Die

Gewinnung von Sicherheitsexperten ist für viele Unternehmen heute eine größere Herausforderung als je zuvor. Auch die Kosten von Public Cloud-Angeboten sind für viele Unternehmen akzeptabel. Zwar ist ein Gewinnaufschlag zu zahlen, aber Skaleneffekte sorgen meist dafür, dass eine interne Leistungserstellung nicht oder nur unwesentlich günstiger wäre. Eine eigene Leistungsbereitstellung macht deshalb aus Kostensicht nur für große und sehr große IT-Organisationen Sinn. Hier lassen sich etwaige Skaleneffekte selbst realisieren. Die einem Outsourcing gleichkommende Verlagerung von Bestandteilen der IT-Architektur in die Public Cloud löst übrigens noch ein anderes Problem: Dem Fachkräftemangel kann so wirkungsvoll begegnet werden.

Funktionierendes Architekturmanagement als zentrale Voraussetzung

Ein funktionierendes Architekturmanagement kann als zentrale Voraussetzung für den Aufbau zukunftsfähiger IT-Architekturen und die Initiierung entsprechender Migrationsprojekte angesehen werden. Es hilft insbesondere bei mittleren bis großen IT-Landschaften, die Transparenz zu schaffen, die notwendig ist, um entsprechende Migrationen vorzubereiten, zu planen und durchzuführen. Hierbei ist zu beachten, dass es in den meisten Fällen keinen Sinn ergibt, eine bestehende Architektur ohne Veränderung in eine (Public) Cloud zu verlagern beziehungsweise durch Cloud-basierte Dienste zu ersetzen. Meist wird so die Gelegenheit verpasst, nicht notwendige Komplexität zu reduzieren, was dazu führt, dass die Cloud-basierte Architektur teurer wird als notwendig oder auch unter Geschwindigkeits- und Stabilitätsproblemen leidet. Zudem kann es sein, dass Anpassungen notwendig werden, weil nicht alle Architekturelemente Cloud-fähig sind. Aus den genannten Gründen ist es empfehlenswert, der Migration in die Cloud ein umfassendes Optimierungsprogramm voranzustellen, dass a) unnötige Komplexität abbaut und b) die Machbarkeit der Cloud-Migration in Hinblick auf alle (relevanten) Architekturbestandteile prüft. Die Optimierung und Vorbereitung kann sogar Geschäftsprozesse oder Organisationsstrukturen betreffen, nämlich immer dann, wenn sich a) Geschäftsfunktionen aufgrund von Veränderungen auf Ebene der Anwendungssysteme ergeben, b) die Analysen ergeben, dass die Komplexität durch übermäßig und nicht notwendig komplexe Geschäftsprozesse verursacht wird oder c) sich Leistungserstellungsprozesse in der IT-Organisation aufgrund der Cloud-Migration verändern.

Dieses Optimierungsprogramm kann als Architekturmanagement-Initiative verstanden werden, die normalerweise von Unternehmensarchitekten initiiert und gesteuert wird. Damit das funktioniert, sind den Architekten klare strategische Ziele vorzugeben und sie sind mit ausreichenden Entscheidungs- und Veto-Rechten auszustatten. Eigene empirische Studien belegen auch, dass es vorteilhaft ist, wenn eine Top-Führungskraft die „Patenschaft" für die Architekturtransformation übernimmt. Sie dient als Eskalationsinstanz, stellt die notwendige Ressourcen zur Verfügung und unterstützt beim Change Management. Um sicherzustellen, dass die Architektur langfristig zielkonform weiterentwickelt wird und ein erneuter Komplexitätszuwachs vermieden wird, sind Architekturprinzipien und -standards zu definieren, die als „Leitplanken" für die Weiterentwicklung der IT dienen. Es ist zudem wichtig zu verstehen, dass ein solches Architekturmanagement nur langfristig positive Wirkungen entfaltet. Die Optimierung stellt eine Investition in die Zukunft dar, die zunächst viel Geld kostet und oft indirekte positive Wirkungen entfaltet, die schwer direkt monetär zu bewerten sind.

Nach der Abwicklung dieses Optimierungsprogramms kann die Cloud-Migration stufenweise oder bei großen IT-Architekturen in einzelnen Schritten erfolgen. Dabei darf nicht vergessen werden, parallel eine funktionierende Provider-Steuerung aufzubauen, um sicherzustellen, dass die Cloud-Anbieter ihre Verpflichtungen erfüllen und dass eine langfristig produktive Zusammenarbeit möglich wird.

Überblick: Transformierbare IT-Landschaften

- Die IT-Landschaften heutiger Unternehmen erfüllen in den meisten Fällen noch nicht die Anforderungen der Digitalisierung.
- Bisherige Optimierungsansätze wie die Konsolidierung von Anwendungsportfolios oder serviceorientierte Architekturen werden nicht genügen, um die Digitalisierung in ausreichender Weise zu unterstützen.
- Zukünftige Architekturen werden standardisiert, modular, flexibel, ubiquitär, elastisch, kostengünstig und sicher sein müssen.
- Um diese Ziele nachhaltig zu erfüllen, wird für viele Unternehmen kein Weg an der Public Cloud vorbei führen.
- Bereits heute können Unternehmen eine entsprechende stufenweise Migration durch ein zielgerichtetes Architekturmanagement vorbereiten.

Literatur

Ahlemann F, Stettiner E, Messerschmidt M, Legner C (2012) Strategic enterprise architecture management: challenges, best practices, and future developments. Springer Science & Business Media, Berlin

Bolstorff PA, Rosenbaum RG, Poluha RG (2007) Spitzenleistungen im Supply Chain Management – Ein Praxishandbuch zur Optimierung mit SCOR. Springer, Berlin

Dittes S, Urbach N, Ahlemann F (2014) IT-Standardisierung – Vom Lippenbekenntnis zu nachhaltigem Nutzen. Wirtschaftsinform & Manag 6(4):29–39

Lixenfeld C (2015) Keine IT-Abteilung mehr nötig: Die Digitalstrategie der ING-Diba. CIO, 9. Juli. http://www.cio.de/a/die-digitalstrategie-der-ing-diba,3109668. Zugegriffen: 30. Apr. 2016

Otto B, Österle H (2015) Corporate Data Quality: Voraussetzung erfolgreicher Geschäftsmodelle. Springer Gabler, Berlin

Scheuch R, Gansor T, Ziller C (2012) Master Data Management: Strategie, Organisation, Architektur. dpunkt, Heidelberg

Starke G, Tilkov S (2007) SOA-Expertenwissen: Methoden, Konzepte und Praxis serviceorientierter Architekturen. dpunkt, Heidelberg

Wolff E (2015) Microservices: Grundlagen flexibler Softwarearchitekturen. dpunkt, Heidelberg

Das Aus für die IT-Abteilung – IT-Experten werden Teil der Fachabteilungen und durch ein dediziertes Vorstandsressort koordiniert

Vor dem Hintergrund der in den vorangehenden Kapiteln beschriebenen Entwicklungen liegt es nahe, dass bereits heute die Frage gestellt wird, wie IT-Organisationen zukünftig strukturiert und wo sie organisatorisch verankert sein werden. Es gibt eine Reihe von Anzeichen, die darauf hindeuten, dass IT-Organisationen, wie wir sie heute kennen, nicht fortbestehen werden. Wenn immer mehr Aufgaben in unmittelbarer Nähe zu den Fachbereichen oder aber direkt in den Fachbereichen wahrgenommen werden (siehe Kap. 4 und 7), große Teile der IT-Wertschöpfung extern erbracht werden (siehe Kap. 8 und 10) und gleichzeitig IT mehr denn je eine strategische Aufmerksamkeit erhält (siehe Kap. 1 und 3), dann ist die heutige IT-Organisation aus unserer Sicht als Abteilung unterhalb eines Vorstandsressorts denkbar schlecht für die digitale Transformation positioniert. Wir sind der Meinung, dass die klassische IT-Abteilung ausgedient hat und die verbleibenden Aufgaben der Unternehmens-IT besser für eine zentrale Funktion geeignet sind, die – vor dem Hintergrund der immer weiter steigenden Bedeutsamkeit von Informationstechnologie für das Gesamtunternehmen – in Vorstandsnähe verankert sein sollte.

Die klassische IT-Organisation in Bedrängnis

Heutige IT-Organisationen basieren in der Regeln auf dem Paradigma „Plan, Build, Run". Sowohl Strukturen und Prozesse sind demnach an den drei Hauptaufgaben Planung, Entwicklung und Betrieb ausgerichtet. Planung („Plan") bedeutet hierbei die Aufnahme von grundlegenden Anforderungen aus den Fachbereichen. Es geht um die Frage, welche IT-Services in welcher Qualität und in welcher Menge benötigt werden. Daran schließt sich die Ableitung eines

© Springer-Verlag Berlin Heidelberg 2016
N. Urbach und F. Ahlemann, *IT-Management im Zeitalter der Digitalisierung*,
DOI 10.1007/978-3-662-52832-7_11

IT-Investitionsportfolios an, das notwendig ist, um erforderliche Veränderungen an der IT-Wertschöpfung zu realisieren. Es geht aber auch um die systematische Weiterentwicklung der IT-Organisation in den Grenzen des Plan-Build-Run-Paradigmas. Die Entwicklung („Build") umfasst sämtliche Projekt- und Linienaktivitäten zur Erweiterung oder Veränderung des Leistungsportfolios oder der Wertschöpfungskette. Hier werden zum Beispiel neue Systeme entwickelt oder IT-Management-Prozesse optimiert. Im Kontext des Betriebs („Run") werden die IT-Leistungen schließt erbracht, das heißt für die Fachbereiche zur Verfügung gestellt. Hierzu gehören beispielsweise der operative Betrieb eines Rechenzentrums sowie die Abwicklung von Support-Prozessen für die Anwender.

IT-Abteilungen haben diese grundlegenden Prozesse über viele Jahre optimiert und immer weiter automatisiert, sodass auch von der „Industrialisierung der IT" gesprochen wird. Damit einher geht eine zunehmende funktionale Spezialisierung und Institutionalisierung der IT-Organisation. Dies hat zum Beispiel zu Shared-Service-Gesellschaften in Konzernstrukturen geführt, die zwar oft effizient arbeiten, aber von den Fachbereichen nicht (mehr) als Partner auf Augenhöhe wahrgenommen werden. Das ist nicht verwunderlich: Neben der oft nicht unerheblichen räumlichen Entfernung führen unterschiedliche Fachsprachen, Kulturen und auch oft der Mangel an geschäftsbezogenem Wissen auf der Seite der IT-Experten zu einer großen Distanz zwischen Business und IT. Nicht selten kann auch von „Entfremdung" gesprochen werden.

In den vorangehenden Abschnitten dieses Buches wurden Thesen formuliert, die unmittelbare Konsequenzen für die heutige IT-Organisation und ihre organisatorische Verankerung haben. Zum einen wurde ausgeführt, dass IT-Demand- und IT-Innovationsmanagement besser in den Fachbereichen aufgehoben sind. Diese dezentrale Verankerung ist vorteilhaft, weil ein enger und stetiger Austausch über Anforderungen und Geschäftsinnovationen ein zentraler Erfolgsfaktor für die IT-Funktion der Zukunft ist (siehe Kap. 4). Dies betrifft frühe Planungsphasen genauso wie die spätere Umsetzung von Anforderungen beziehungsweise Geschäftsinnovationen. Weiterhin haben wir erläutert, warum damit zu rechnen ist, dass die Entwicklung von IT-Lösungen sowie ihr Betrieb weniger wichtig werden und gut durch externe Dienstleister erbracht werden können. In diesem Zusammenhang werden Public-Cloud-Infrastrukturen auch als Backbone zukünftiger IT-Landschaften gesehen (siehe Kap. 8 und 10).

Diese Entwicklungen implizieren, dass zentrale funktionale Bestandteile heutiger IT-Organisationen wegfallen oder – genauer gesagt – einem Auslagerungstrend unterliegen. Geht man grob davon aus, dass die Bereiche Initiierung und Durchführung von Projekten sowie IT-Betrieb heute etwa 90 % der Belegschaft einer klassischen IT-Organisation ausmachen, stellt sich die Frage, wie weiter zu verfahren ist und ob eine eigene Fachabteilung „IT" in ihren verschiedenen, heute weit verbreiteten Spielarten (Zentral-IT, Shared-Service-Gesellschaft, dezentrale IT-Organisationen, etc.) überhaupt noch sinnvoll ist.

Was bleibt sind Planung, Steuerung und Koordination

Ein vollständiger Verzicht auf eine IT-Funktion wird trotz ihrer voraussichtlich massiven Verkleinerung nicht möglich sein. Immerhin gibt es eine Reihe von Aufgaben, die weiterhin zentral durchgeführt werden müssen, um eine effiziente und effektive IT-Wertschöpfung sicherzustellen. Zunächst einmal ist festzuhalten, dass ein *zentrales Unternehmensarchitekturmanagement* weiterhin von wesentlicher Bedeutung ist. Die dezentrale Abwicklung von Demand- und Innovationsmanagement und Durchführung von IT-Projekten hat zwar den großen Vorteil, dass eine besondere Kundennähe realisiert wird und die IT-Experten dauerhaft Einblicke in Geschäftsziele, -strategien und -prozesse gewinnen. Gleichzeitig birgt sie aber auch das Risiko, dass die verschiedenen Einzelaktivitäten in den Geschäftsbereichen und -abteilungen zu einer Steigerung der Komplexität der IT-Architektur führen. Diese wiederum kann sich negativ auf die Kostenstruktur, die Qualität der Leistungserbringung und auf Risiken auswirken. Notwendig ist daher ein zentrales Architekturmanagement, das über Architekturstandards und -prinzipien, Planungs- und Steuerungsprozesse sowie eine Architektur-Governance sicherstellt, dass die Gesamtarchitektur zielgerichtet weiterentwickelt wird.

Eng verbunden mit dem Architekturmanagement sind eine *zentrale Überwachung des lokalen Demand- und Innovationsmanagements* sowie ein *zentrales Projektportfoliomanagement*. Nur so lassen sich potenzielle Synergien und Abhängigkeiten zwischen lokalen Aktivitäten erkennen und zielgerichtet steuern. Beispielsweise wird dadurch verhindert, dass ähnliche oder identische Projekte zeitgleich in verschiedenen Unternehmensbereichen durchgeführt werden.

Mit der Verkürzung der Wertschöpfungskette steigt die Abhängigkeit von externen Leistungserbringern. Darüber hinaus können Digitalisierungsvorhaben neue Technologiepartnerschaften und damit weitere Abhängigkeiten nach sich ziehen. Daher ist es wichtig, dass Lieferanten und Partner systematisch ausgewählt und entsprechende strategische Beziehungen systematisch gepflegt werden. Aus diesem Grund ist ein *strategisches Lieferanten- und Supplier-Management* wichtig, welches dafür Sorge trägt, dass alle IT-relevanten Beschaffungs- und Kooperationsprozesse einer einheitlichen Strategie folgen und konsistent abgewickelt werden. Umgekehrt soll vermieden werden, dass auf lokaler Ebene

Lieferantenauswahl- und Partnerschaftsentscheidungen getroffen werden, die im Widerspruch mit Entscheidungen an anderer Stelle im Unternehmen stehen.

Die Verlagerung großer Teile der IT-Wertschöpfungskette macht die *fortlaufende Überwachung von Projekt- und Betriebsaktivitäten* nicht obsolet. Auch in der Zukunft werden IT-Organisationen Aufgaben wie das IT-Controlling, das Projektcontrolling und das Service Level Management nicht vernachlässigen können. Allerdings wird es hierbei sehr oft um die operative Lieferanten- und Provider-Steuerung gehen und weniger um die Überwachung und Steuerung interner Prozesse.

Mit der steigenden Abhängigkeit von Informationstechnologie sowie zunehmender Interventionen der gesetzgebenden Instanzen, wird ein zentrales *Risiko-, Compliance-, und Sicherheitsmanagement* an Bedeutung gewinnen. Hier geht es im Wesentlichen darum, gesetzliche Auflagen an die IT-basierte Wertschöpfung zu erfüllen und darüber hinaus wichtige (Sicherheits-)Risiken beziehungsweise Risiken in Hinblick auf die fortgesetzte Geschäftstätigkeit zu erkennen, zu vermeiden oder zumindest zu mindern. Das umfasst rein technische wie soziale/ personelle Risiken gleichermaßen. So gilt es, sich gegen technische Angriffe von außen zu schützen, die IT-Landschaft ausfallsicher und fehlertolerant zu gestalten und sicherheitsrelevantes Fehlverhalten von Mitarbeitern zu vermeiden beziehungsweise entsprechende Schäden zu begrenzen.

Neben den zuvor genannten direkten Planungs-, Kontroll- und Steueraktivitäten gilt es auch, ein Kontroll- und Anreizsystem zu entwickeln, das ein zielkonformes Verhalten der (auch dezentralen) IT-Mitarbeiter erwirkt (IT-Governance). Hierzu gehört auch die Definition von Entscheidungsrechten und -pflichten, Kontroll- und Reporting-Prozessen sowie von grundlegenden Regeln in Hinblick auf IT-bezogene Management-Entscheidungen.

All diesen Aufgaben ist gemein, dass sie nicht direkt die IT-Wertschöpfung betreffen, eher strategisch sind, in den meisten Fällen besonders qualifizierte und erfahrene Mitarbeiter erfordern sowie eine Reihe von Schnittstellen zu anderen Unternehmensfunktionen haben. So gibt es eine Verbindung zum Unternehmenscontrolling, weil es um zentrale Steuerungs- und Kontrollprozesse geht. Die Unternehmensstrategie- und Business-Development-Funktionen sind betroffen, weil in Zeiten der Digitalisierung Geschäftsentwicklung und IT-Innovationen kaum noch zu trennen sind. Auch operative Funktionen wie Produktion und Logistik könnten betroffen sein, sofern es hier Auswirkungen der Digitalisierung gibt (wovon grundsätzlich auszugehen ist – siehe Kap. 3).

Es stellt sich damit die Frage, wo eine derart strategische, kleine, hoch spezialisierte Unternehmensfunktion sinnvoll organisatorisch verankert wird. Fragwürdig ist es, ob sie als Abteilung unterhalb eines Vorstandsressorts ihre volle Wirkung entfalten kann.

Der Entwicklungspfad von der IT-Abteilung zum Vorstandsressort für Digitalisierung

Tatsächlich zeigen erste Studien, dass die Anforderungen, die sich aus der Digitalisierung, aus dem Aufbau dezentraler IT-Funktionen (für das IT-Demand- und IT-Innovationsmanagement) sowie aus der Verkürzung der IT-Wertschöpfungskette ableiten lassen, eine organisatorische Verlagerung der zukünftigen IT-Funktion nahelegen. Heutige IT-Funktionen sind organisatorisch zu weit von Top-Entscheidern entfernt, um notwendige Innovations- und Digitalisierungsentscheidungen mitgestalten zu können. Auch die Ausübung zentraler Planungs- und Steuerungsfunktionen über viele Geschäftsbereiche und -funktionen hinweg ist schwer zu realisieren, wenn die IT-Organisation zwei oder drei Ebenen unterhalb der Top-Führungsebene angesiedelt ist.

Deshalb ist es nicht überraschend, dass heute bereits besonders innovationsfreudige und im Kontext der Digitalisierung erfolgreiche Unternehmen andere Wege verfolgen und die oben skizzierten Aufgaben an anderer Stelle im Unternehmen verankern. Wir sehen dabei zwei spezifische Szenarien: 1) Entweder wird die verbleibende IT-Funktion zukünftig als Stabstelle an eine bestehende Vorstandsfunktion, beispielsweise den Vorstandsvorsitzenden, gebunden. Dieses Modell kann in abgewandelter Form bereits heute beobachtet werden. Da die meisten IT-Funktionen heute allerdings noch nicht so schlank sind wie oben ausgeführt, werden nur Teile wie das IT-Innovationsmanagement beziehungsweise das Management der Digitalisierungs-Initiativen als Stabstelle organisiert. 2) Alternativ wird die IT-Funktion zu einem eigenen Vorstandsressort erhoben. In diesem Fall wird bereits heute vom Chief Digital Officer (CDO) gesprochen – eine Funktion, die noch nicht besonders weit verbreitet ist. Es gibt Schätzungen, dass es weltweit erst 1000 solcher Positionen gibt.[1] Ob sich die Bezeichnung CDO nachhaltig durchsetzen wird, ist dabei fraglich. Weniger fraglich ist, dass in Zeiten der Digitalisierung mehr als je zuvor die IT-Funktion durch ein Vorstandsressort auf Ebene des Top-Managements repräsentiert sein muss. Dabei ist es schon möglich, dass weitere Aufgaben mit den oben beschriebenen Funktionen verbunden werden, etwa die Unternehmensstrategiefunktion. Das ergibt insbesondere in solchen Branchen Sinn, die vollständig digitale Geschäftsmodelle und -strategien realisieren.

---

[1]Lubkowitz M (2015) Der CDO ist in Deutschland ein seltenes Exemplar. Internet World Business, 16. Okt. http://www.internetworld.de/technik/digitale-transformation/cdo-in-deutschland-seltenes-exemplar-1034125.html. Zugegriffen: 30. Apr. 2016.

Aus Sicht vieler IT-Führungskräfte stellt sich die Frage, wie die Transformation in Richtung einer neuen IT-Funktion in Vorstandsnähe zu initiieren und voranzutreiben ist. Die Ausgangspunkte sind dabei heute sehr verschieden. Grundsätzlich lassen sich drei Entwicklungsstufen heutiger IT-Organisationen unterscheiden: Auf der ersten Stufe kann die IT als *„technische Delivery-Funktion"* gesehen werden. Organisationen auf dieser ersten Stufe konzentrieren sich auf die erfolgreiche Abwicklung von IT-Projekten und den reibungslosen IT-Betrieb. Seinen Ausdruck findet diese Schwerpunktsetzung in einer besonderen Betonung operativer Funktionen wie das IT Service Management oder das IT-Projektmanagement. IT-Organisationen auf dieser Stufe verfügen vor allen Dingen über technisches und meist weniger über fachliches Know-how.

Auf der zweiten Stufe wandelt sich die die IT-Funktion zu einer *kundenorientierte Service-Organisation*. Hier wird erkannt, dass die Leistungsfähigkeit der IT-Funktion ganz wesentlich davon abhängt, ob Geschäftsverständnis und Beratungskompetenz vorhanden sind und ob partnerschaftlich mit den Geschäftsfunktionen zusammengearbeitet wird. Seinen Ausdruck findet dies beispielsweise in einem ausgeprägten Demand Management, das viele Schnittstellen zu den IT-Kunden vorsieht. Business Analysts und Domänenarchitekten verfügen über ausreichend fachliches Know-how, sodass die IT-Organisation Kundenanforderungen gut in fachliche Lösungen überführen kann.

Auf der dritten Stufe wird die IT-Organisation zum *Gestalter der Digitalen Transformation*. Hier verstehen Unternehmen, dass digitale Geschäftsinnovationen nur dann machbar sind, wenn Geschäfts- und IT-Funktionen dauerhaft kreativ zusammenarbeiten. Prägend für diese Stufe sind ein IT-Innovationsmanagement oder auch Co-Location-Konzepte. IT-Spezialisten verstehen nicht nur die Geschäftsanforderungen und -prozesse, sondern durchdringen Branchentrends, verstehen das geschäftliche Potenzial von IT und entwickeln kreativ neue Geschäftsmodelle, Produkte und Dienstleistungen in enger Zusammenarbeit mit den Fachbereichen.

Die Entwicklung einer IT-Organisation in Richtung einer strategischen Stabstelle oder eines eigenen Vorstandsressorts ist offensichtlich am einfachsten, wenn sie sich auf Stufe 3 befindet. Auf der Stufe 1 gestaltet sich dieser Wandel besonders schwierig. Hier wird die IT-Organisation meist als reiner Service Provider gesehen. Da immer mehr Fachbereiche in Hinblick auf digitale Innovationen selbstständig aktiv werden, sinkt die Wahrnehmung der IT als Innovator derzeit stetig.[2] In solchen Fällen ist es schwer, einen Wahrnehmungswechsel bei Vorständen einzuleiten, an dessen Ende anerkannt wird, dass die IT-Funktion entscheidend für einen nachhaltigen Unternehmenserfolg ist. Das Risiko ist nicht von der Hand zu weisen, dass parallel zur bestehenden IT-Funktion Einheiten für das IT-Innovationsmanagement und die Digitalisierung geschaffen werden, die dann den Zugang zum Top-Management haben und ihre Rolle langsam ausweiten können. In solchen Fällen wird es für die angestammte IT-Organisation schwierig, obige Aufgaben langfristig zu übernehmen. IT-Organisationen, die sich auf Stufe 2 befinden, haben ein mittleres Risiko die Transformation nicht erfolgreich zu bewerkstelligen.

Was wird aus dem CIO?

Für den heutigen CIO stellt sich die Frage, wie er dieser Entwicklung begegnen kann. Ohne proaktives Handeln droht paradoxerweise die Gefahr, dass derjenige, der für die Basis der Digitalen Transformation zuständig ist, zum Opfer derselben wird. Patentrezepte wird es kaum geben – zu individuell ist jede einzelne Situation. Die CIOs von heute tun aber gut daran, mit verschiedenen Initiativen aktiv zu werden. Zum einen sollte aktiv der Dialog mit der Top-Führungsebene gesucht werden. Es gilt zu diskutieren, was die Digitalisierung für das Unternehmen bedeutet, wie sich Geschäftsmodelle, -produkte und -dienstleistungen verändern und welche Rolle Informationstechnologie und die IT-Organisation dabei spielen werden. IT-Führungskräfte sollten sich auf diese Diskussionen gut vorbereiten. Wissen über Branchen-Entwicklungen, Aktivitäten der Wettbewerber, konkrete Digitalisierungsideen und Ansätze für deren Umsetzung können dabei helfen, sich als kompetenter Ansprechpartner für dieses Thema zu positionieren. Gleichzeitig sollten IT-Führungskräfte konsequent den Weg in Richtung erhöhter Kunden- und Innovationsorientierung gehen. Sofern ein funktionierendes Demand- und Innovationsmanagement noch nicht etabliert sind, gilt es, dies zu tun. In diesem Zusammenhang sind die Beratungs- und Business-Kompetenzen der IT-Mitarbeiter weiterzuentwickeln. In Einzelfällen mag es auch sinnvoll sein, Koalitionen mit Führungskräften auf der Fachseite einzugehen, um gemeinsame Digitalisierungsinitiativen zu initiieren und voranzutreiben – zum einen, um sich

---

[2]Jeschek C (2015) Talent-Management in der IT: Die klassische IT-Organisation hat ausgedient. CIO, 8. Dez. http://www.cio.de/a/die-klassische-it-organisation-hat-ausgedient,3251385. Zugegriffen: 30. Apr. 2016.

entsprechend in der Organisation zu positionieren, zum anderen mit dem Ziel Erfolgsgeschichten zu produzieren. Ganz im Sinne obiger Entwicklungen sollte parallel die IT-Architektur auf kommende Veränderungen vorbereitet werden (siehe Kap. 8).

Überblick: Das Aus für die IT-Abteilung

- Die Existenzberechtigung klassischer IT-Abteilungen ist angesichts der weitergehenden Verkürzung der IT-Wertschöpfungstiefe sowie einer engen Zusammenarbeit mit den Fachbereichen in Gefahr.
- Die IT-Organisation der Zukunft wird vor allem strategische Koordinationsfunktionen im Kontext der digitalen Transformation übernehmen und dabei mit nahezu allen Unternehmensbereichen zusammenarbeiten.
- Zu den Aufgaben der IT-Organisation der Zukunft zählen das Unternehmensarchitekturmanagement, die Koordination des Demand- und Innovationsmanagement, das zentrale Portfoliomanagement, das strategische Lieferantenmanagement, die Überwachung der Leistungserbringung durch Externe, das Risiko-, Compliance- und Sicherheitsmanagement sowie die IT Governance.
- Es ist fraglich, ob eine Verankerung auf der zweiten oder dritten Führungsebene ausreicht, um diese Aufgaben wirkungsvoll zu erfüllen.
- Deshalb werden sich zukünftige IT-Organisationen zu einem Vorstandsressort oder aber einer Stabstelle eines Vorstandsressorts weiterentwickeln.
- Hier haben Sie die notwendige Nähe zum Top-Management.
- CIOs und IT-Leiter sollten sich frühzeitig auf diese Entwicklung vorbereiten und sich entsprechend positionieren.

Literatur

Lubkowitz M (2015) Der CDO ist in Deutschland ein seltenes Exemplar. Internet World Business, 16. Okt. http://www.internetworld.de/technik/digitale-transformation/cdo-in-deutschland-seltenes-exemplar-1034125.html. Zugegriffen: 30. Apr. 2016
Jeschek C (2015) Talent-Management in der IT: Die klassische IT-Organisation hat ausgedient. CIO, 8. Dez. http://www.cio.de/a/die-klassische-it-organisation-hat-ausgedient,3251385.html. Zugegriffen: 30. Apr. 2016

Demografie, Digital Natives und individuelles Unternehmertum – Mitarbeiter werden zum strategischen Wettbewerbsfaktor

In den vorherigen Kapiteln haben wir sehr ausführlich die Herausforderungen und Implikationen der Digitalen Transformation beschrieben und unsere Erwartungen und Empfehlungen hinsichtlich der zukünftigen Aufstellung der IT-Organisation geschildert. Ein Aspekt, der dabei bisher vernachlässigt wurde, ist die Rolle des Mitarbeiters im digitalen Wandel. Genau wie in früheren Zeiten sind Transformationen im Unternehmenskontext nicht ohne die richtigen und vor allem richtig ausgebildeten Mitarbeiter zu meistern. Gerade aber der Trend zur Digitalisierung erfordert Qualifikationen und Fähigkeiten, die auf dem derzeitigen Arbeitsmarkt rar sind. Zudem ist die digitale Arbeitswelt in vielen Fällen nur bedingt kompatibel mit der konservativen und hierarchisch organisierten Welt der Großkonzerne. Auch wenn bereits vor einigen Jahren der anstehende „War for Talents" prognostiziert und diskutiert wurde[1], so scheint spätestens jetzt der Zugang zu guten Mitarbeitern zum strategischen Wettbewerbsfaktor geworden zu sein. Immer mehr „traditionelle" Unternehmen tun sich bei der Suche nach neuen und dem Halten vorhandener Mitarbeiter schwer, vor allem von solchen mit den erforderlichen „digitalen Fähigkeiten", etwa in der IT-Entwicklung oder der Datenanalyse. Für viele junge Berufseinsteiger sind die großen IT-Konzerne wie Google oder Microsoft oder aber die kleinen, als dynamisch angesehenen Start-ups attraktiver. Die gegenwärtigen personalbezogenen Herausforderungen der Unternehmen haben verschiedene Ursachen. Im Folgenden möchten wir diesen Ursachen zunächst mit Blick auf die Entwicklung von Demografie und Arbeitsmarkt (Makro-Perspektive) und anschließend auf die des Arbeitnehmers (Mikro-Perspektive) auf den Grund gehen.

---

[1]Chambers E, Foulon M, Handfield-Jones H, Hankin S, Michaels E (1998) The war for talent. The McKinsey Quarterly 1998(3):44–57.

© Springer-Verlag Berlin Heidelberg 2016
N. Urbach und F. Ahlemann, *IT-Management im Zeitalter der Digitalisierung*,
DOI 10.1007/978-3-662-52832-7_12

Die Makro-Perspektive: Demografie und Entwicklung des Arbeitsmarkts

Eine wesentliche Ursache dafür, dass das Gewinnen und Halten guter Mitarbeiter zu einer fortlaufenden Herausforderung für viele Unternehmen wird, liegt im gegenwärtigen demografischen Wandel. Die Alterungsstruktur der deutschen Bevölkerung ist derzeit vor allem dadurch geprägt, dass die Sterberate seit dem Jahr 1972 höher ist als die jeweilige Geburtenrate. Trotz der Migrationsbewegungen verliert die Bundesrepublik dadurch sukzessive an Bevölkerung. Durch eine ansteigende Lebenserwartung und gleichzeitig rückläufiger Geburtenraten steigt der Anteil älterer Menschen gegenüber dem Anteil Jüngerer. Entsprechend hat sich die deutsche Bevölkerungspyramide verformt. In kontinuierlich wachsenden Ländern sind die unteren Altersschichten stark vertreten, während die oberen sukzessive abnehmen – wie eine Pyramide, die sich von unten nach oben verjüngt. In Deutschland hat sich die Verteilung in den letzten Jahrzenten verschoben. Die geburtenstarken Jahrgänge Mitte der Sechzigerjahre sind älter geworden und auf diese Weise in der Statistik nach oben gewandert, gefolgt von jüngeren, weniger großen Altersgruppen nach dem sogenannten Geburtenknick. Dementsprechend hat sich die Pyramide zur Urne oder, etwas freundlicher formuliert, zum Weihnachtsbaum gewandelt.[2]

Die Auswirkungen des demografischen Wandels stellt die Gesellschaft vor neue Herausforderungen. Für die Wirtschaft hat diese Entwicklung – zumindest für den Inlandsmarkt – neben sinkender Nachfrage und veränderten Kundensegmenten vor allem einen kleiner werdenden Arbeitsmarkt zur Folge. Während die Größe der Gesamtbevölkerung vergleichsweise langsam abnimmt, gehen die Bevölkerung im erwerbsfähigen Alter und damit das vorhandene Arbeitskräftepotenzial wesentlich schneller zurück. Wie der im Jahr 2011 veröffentlichte Demografiebericht des Bundesinnenministeriums zeigt, droht die Zahl der Erwerbstätigen in Deutschland bis 2050 im Vergleich zum Jahr 2000 unter den gegebenen Voraussetzungen um bis zu 50 % zurückzugehen.[3] Eine Folge dieser

---

[2]Elmer C, Schäfer M (2015) Wie die Pyramide zum Weihnachtsbaum wird. 5. Apr. http://www.spiegel.de/wissenschaft/mensch/demografischer-wandel-pyramide-wird-zum-weihnachtsbaum-a-1026684.html. Zugegriffen: 30. Apr. 2016.

[3]Bundesministerium des Innern (2011) Demografiebericht – Bericht der Bundesregierung zur demografischen Lage und künftigen Entwicklung des Landes, Okt. 2011. http://www.bmi.bund.de/DE/Themen/Gesellschaft-Verfassung/Demografie/Demografiebericht/demografiebericht_node.html. Zugegriffen: 30. Apr. 2016.

Entwicklung ist, dass zunehmend weniger gut qualifizierte, junge Arbeitskräfte zur Verfügung stehen. Demgegenüber steht der Trend zu zunehmend älteren Arbeitskräften – meist mit guter geistiger und körperlicher Fitness. Für Unternehmen ist es daher zum einen notwendig, sich den jungen Arbeitskräften als attraktiver Arbeitgeber zu präsentieren, zum anderen aber auch ältere Arbeitgeber in die „moderne Wissensarbeit" einzubeziehen.

Neben dem allgemeinen Fachkräftemangel dürfte vor dem Hintergrund der spezifischen Anforderungen an Mitarbeiter im Bereich der Digitalisierung vor allem der ungedeckte Bedarf an den sogenannten MINT-Fachkräften zu einer größeren Herausforderung für viele Unternehmen werden. Unter dem Begriff MINT ist die Zusammenfassung der Fächer beziehungsweise Berufe aus den Bereichen Mathematik, Informatik, Naturwissenschaft und Technik zu verstehen. Der Arbeitsmarkt im Bereich MINT erfährt seit einigen Jahren große Aufmerksamkeit. Das liegt auf der einen Seite daran, dass MINT-Berufe als wesentliche Treiber von wirtschaftlichen Innovationen gelten. Bei der Betrachtung von Branchen in Deutschland hinsichtlich ihrer innovationsrelevanten Ergebnisse und ihrer Fachkräfteausstattung wird deutlich, dass MINT-Qualifikationen und Innovationskraft eng miteinander korrelieren. Auf der anderen Seite ist der MINT-Arbeitsmarkt aber auch deshalb viel diskutiert, weil in diesem Bereich eine größere Ausbildungs- und Arbeitskräftelücke vorzufinden ist – bei gleichzeitig steigendem Bedarf an MINT-Kräften. So kommen jüngste Studien zu dem Ergebnis, dass ohne zusätzliche Maßnahmen zur Fachkräftesicherung bis zum Jahr 2020 rund 670.000 MINT-Fachkräfte fehlen werden, um allein den gegenwärtigen Bedarf zu schließen. Unter Berücksichtigung des zu erwartenden zukünftigen Bedarfs würde die Lücke sogar noch einmal deutlich steigen.[4] Angesichts von frühzeitigen Prognosen, dass ein Fachkräftemangel in diesem Bereich zu erwarten sei, haben sich öffentlich und privat finanzierte Projekte und Initiativen gebildet, um das Angebot an qualifizierten Arbeitskräften in diesem Bereich zu erhöhen. Trotz dieser Anstrengungen ist aber auch künftig damit zu rechnen, dass gut ausgebildete Mitarbeiter mit den für die Digitale Transformation relevanten Fähigkeiten ein knappes Gut sind.

Dem Trend sinkender Zahlen gut ausgebildeter Fachkräfte steht eine steigende Nachfrage nach solchen entgegen. Die Ursache für diese Entwicklung ist, dass

---

[4]Institut der deutschen Wirtschaft Köln (2015) MINT-Frühjahrsreport 2015, MINT – Regionale Stärken und Herausforderungen, Gutachten für BDA, BDI, MINT Zukunft schaffen und Gesamtmetall, 18. Mai 2015. http://www.arbeitgeber.de/www%5Carbeitgeber.nsf/res/MINT-Fruehjahrsreport_2015.pdf/$file/MINT-Fruehjahrsreport_2015.pdf. Zugegriffen: 30. Apr. 2016.

Wissensarbeit im Allgemeinen stärker im Zentrum vieler erfolgreicher Unternehmen steht. Durch den Wandel vom Industrie- zum Informationszeitalter wird Wissensarbeit insbesondere in hoch entwickelten Volkswirtschaften immer bedeutsamer. Entsprechend steht der einzelne Mitarbeiter viel Stärker im Fokus der unternehmerischen Wertschöpfung als es vor wenigen Jahren noch der Fall war.[5] Erfolgreiche Wissensarbeit, welche sehr gut ausgebildete Mitarbeiter erfordert, ermöglicht die Entwicklung und Produktion innovativer Produkte und Dienstleistungen und führt schließlich zu nachhaltigen Wettbewerbsvorteilen. Der dafür benötigte Mitarbeiter ist kreativ, innovativ, arbeitet vernetzt und in Teams, bewegt sich international und ist flexibel. Die erzielten Arbeitsergebnisse der Mitarbeiter sind für moderne Unternehmen dabei viel entscheidender als die geleistete Arbeitszeit. Ein Unternehmer bringt die aktuelle Situation folgendermaßen auf den Punkt: „Mein wichtigstes Kapital hat Füße. Jeden Abend verlässt es das Unternehmen. Ich kann nur hoffen, dass es am nächsten Morgen wiederkommt".[6]

Die Mikro-Perspektive: Der IT-Mitarbeiter gestern und heute

Neben der Betrachtung des demografischen Wandels und den Veränderungen im Arbeitsmarkt ist auch ein Wandel auf der Mikro-Ebene – beim Mitarbeiter selbst – zu beobachten. Ein wesentlicher Treiber dieses Wandels ist das veränderte Wertesystem vieler nachrückender Mitarbeiter, welches im Vergleich zu früheren Arbeitnehmergenerationen sehr viel stärker durch den Wunsch nach Individualität und Selbstbestimmung geprägt ist.[7] Viele Mitarbeiter der jungen Generationen sind trotz der Rolle des Angestellten auf der Suche nach individuellem Unternehmertum innerhalb des eigenen Unternehmens („Corporate

---

[5]Dörhöfer S (2012) Management und Organisation von Wissensarbeit: Strategie, Arbeitssystem und organisationale Praktiken in wissensbasierten Unternehmen. VS Verlag, Wiesbaden.

[6]IPCH (2008) Entmystifizierung der Produktivität. Vom Kernbegriff Produktivität zur Wissensproduktivität. White Paper des Schweizerischen Produktivitätsinstituts AG. https://static1.squarespace.com/static/5109428de4b04ea0ec18ef88/t/52456273e4b0dedb521b d7f7/1380278899625/Entmystifizierung+der+Produktivitt.pdf. Zugegriffen: 30. Apr. 2016.

[7]Kurzmann S (2015) Individualität und Flexibilität im Personalmanagement: Die neue Herausforderung durch die Generation Y. Diplomica, Hamburg.

Entrepreneurship").[8] Eine große Rolle spielen auch die Veränderungen typischer Erwerbsbiografien. Während sich frühere Generationen von Arbeitnehmern oftmals frühzeitig und vor allem sehr langfristig an einen einzigen Arbeitgeber gebunden haben, ist das Arbeitsleben der heutigen Generation an Wissensarbeitern sehr viel öfter von häufigen Arbeitgeberwechseln und Neuausrichtungen der eigenen Karriere geprägt.[9] Die Summe dieser Veränderungen hat für die Unternehmen zur Folge, dass Arbeitnehmer schwerer an das Unternehmen zu binden sind. Dabei haben sich die Erwartungen und Ansprüche insbesondere der jungen Arbeitnehmer an ihren Arbeitsplatz gewandelt. Während noch vor einigen Jahren finanzielle Anreize und gute Karriereperspektiven die wesentlichen Kriterien der Arbeitgeberauswahl waren, sind diese zunehmend mehr als Hygienefaktoren zu begreifen. Dafür rücken Themen wie Work-Life-Balance, Vereinbarkeit von Beruf und Familie sowie eine gute Arbeitsumgebung und -ausstattung in den Vordergrund des Auswahl- und Entscheidungsprozesses.[10]

Neben diesen allgemeinen Veränderungen auf der Arbeitnehmerseite spielt im Bereich der Digitalisierung der IT-Arbeitsmarkt eine besondere Rolle. Zur Verdeutlichung der spezifischen Herausforderungen, auf die es durch die Unternehmen zu reagieren gilt, möchten wir auf den Wandel der vergangenen Jahre in diesem spezifischen Bereich näher eingehen. Noch vor einigen Jahren war der IT-Arbeitsmarkt im Wesentlichen ein Käufermarkt. Auch wenn es damals bereits sehr spezifische Bereiche gab, in denen es schwer war, die notwendigen Skills zu beschaffen (etwa für spezifische Programmiersprachen), so konnten Unternehmen doch in der Regel mit mehr oder weniger überschaubarem Aufwand das benötigte IT-Personal auf dem Arbeitsmarkt beschaffen. Des Weiteren waren die typischen Erwerbsbiografien weitgehend konstant. Fälle, in denen ein Arbeitnehmer im Laufe seines Arbeitslebens nur für einen oder wenige Arbeitgeber tätig war, waren nicht untypisch. Obwohl es auch früher stetige technologische Weiterentwicklungen gab, konnten viele Qualifikationen über vergleichsweise lange Zeiträume eingesetzt werden. Die meisten Weiterentwicklungen waren inkrementell und konnten über entsprechende Schulungs- und Weiterbildungsangebote

---

[8]Kühn C, Eymann T, Urbach N, Schweizer A (2016) From professionals to entrepreneurs – HR practices as an enabler for fostering corporate entrepreneurship in professional service firms. German Journal of Human Resource Management, 30(2):125–154.

[9]Nawatzki J (2013) Mit Selbstcoaching zum Traumjob: Wie Sie in fünf Schritten Ihre wahre Berufung entdecken und umsetzen. Springer Fachmedien, Wiesbaden.

[10]Stepstone (2011) StepStone Employer Branding Report 2011. http://www.stepstone.de/ Ueber-StepStone/upload/StepStone_Employer_Branding_Report_2011_final.pdf. Zugegriffen: 30. Apr. 2016.

adressiert werden. Gleichzeitig funktionierte die Versorgung des Arbeitsmarkts mit Absolventen verhältnismäßig gut. Die klassischen IT-Studiengänge wie Informatik und Wirtschaftsinformatik wurden als recht attraktiv wahrgenommen und waren entsprechend nachgefragt. Im Recruiting lag der Schwerpunkte neben allgemeinen Tugenden wie Gewissenhaftigkeit und Verlässlichkeit vor allem auf den sogenannten Hard Skills, in der Regel also dem spezifischen technischen Knowhow des Mitarbeiters in der gesuchten Domäne. Die Attraktivität des Arbeitsplatzes konnte anschließend recht einfach über eine attraktive Bezahlung und hinreichenden Karrieremöglichkeiten sichergestellt werden.

In den vergangenen Jahren hat sich der IT-Arbeitsmarkt stark verändert und zu einem Verkäufermarkt weiterentwickelt. Entsprechend ist die Schere zwischen Angebot und Nachfrage qualifizierter IT-Arbeitskräfte gewachsen. Gleichzeitig sind die Erwerbsbiografien vieler Arbeitnehmer deutlich facettenreicher geworden. Für den Arbeitgeber bedeutet dies, dass Arbeitnehmer häufiger und in vergleichsweise schneller Abfolge ihren Arbeitgeber wechseln und dementsprechend kürzer im Unternehmen verbleiben. Für die neuen Aufgaben, die sich durch die Digitale Transformation ergeben, werden zudem sehr spezifische – und dadurch auch rare – Mitarbeiterfähigkeiten benötigt. In Kap. 4 sind wir bereits auf die Veränderungen in den benötigten organisationalen Fähigkeiten (Capabilities) der IT-Organisation der Zukunft eingegangen. Zur Umsetzung dieser Fähigkeiten werden aber auch entsprechende Mitarbeiter mit den notwendigen Kompetenzprofilen benötigt. So identifiziert das amerikanische Marktforschungsunternehmen Forrester beispielsweise acht Mitarbeiterrollen, welche in der IT-Organisation im Zeitalter der Digitalisierung vorhanden sein sollten: Beziehungsmanager, Architekten, Projekt- und Programmmanager, Vendor Manager, Experten für User Experience, Daten-Experten, Geschäftsprozess-Designer und Sicherheitsexperten.[11] Unabhängig davon, ob genau diese acht Mitarbeiterrollen entscheidend sind, teilen wir die Einschätzung, dass sich sowohl die Breite der Kompetenzprofile innerhalb der IT-Organisation als auch die Tiefe der IT-Kompetenzen innerhalb der Fachbereiche erhöhen werden. Zudem werden Eigenschaften wie unternehmerisches Denken und Handeln, Kreativität, Agilität und Innovationsfähigkeit sowie eine generelle Affinität für digitale Technologien erforderlich sein. Durch die immer kürzer werdenden Innovationszyklen wird die Halbwertszeit von Qualifikationen und Kompetenzen sukzessive geringer.

---

[11]Pütter C (2015) Mitarbeiter-Rollen: 8 notwendige IT-Skills für die Digitalisierung, Computerwoche, 9. Sept. 2015. http://www.computerwoche.de/a/8-notwendige-it-skills-fuer-die-digitalisierung,3090227. Zugegriffen: 30. Apr. 2016.

Entsprechend erfordert die Digitalisierung stetig neue Qualifikationen. Gleichzeitig sehen wir die in den letzten Jahren verhältnismäßig niedrige Nachfrage nach Informatik- und Wirtschaftsinformatik-Studiengängen, was aus unserer Sicht weniger an den angebotenen Programmen sondern eher an der wahrgenommenen Attraktivität der klassischen IT-Berufe liegt. Erst langsam setzt sich bei den Studienanfängern die Erkenntnis durch, dass eine solide (Grundlagen-)Ausbildung in IT-nahen Fächern eine essenzielle Grundlage für einen Großteil heutiger und vor allem zukünftiger Berufsbilder darstellt.

Aktuelle Entwicklungen haben massive Auswirkungen auf die Gewinnung und das Halten guter IT-Mitarbeiter

Die gegenwärtige demografische Entwicklung, die daraus resultierende Arbeitsmarktsituation im Allgemeinen und im Bereich MINT im Speziellen sowie die Veränderungen beim IT-Mitarbeiter selbst haben dazu geführt, dass das Rekrutieren und Halten von gut ausgebildeten IT-Mitarbeitern bereits heute zu einer signifikanten Herausforderung für viele Unternehmen geworden ist. Obwohl hiervon zumindest perspektivisch alle Unternehmensgrößen und -branchen betroffen sein dürften, so sind für kleine und mittlere Unternehmen sowie für Unternehmen außerhalb der Großstädte und Ballungszentren besonders große Herausforderungen zu erwarten. Dies liegt vor allem daran, dass Großunternehmen in der Regel bekannter sind und oftmals auch als attraktiver wahrgenommen werden. Aufgrund des Trends der letzten Jahre zum Wohnen in großen Städten und Zentren sind die ländlich geprägten Regionen zudem hinsichtlich junger, gut ausgebildeter Mitarbeiter meist noch stärker unterversorgt.

Eine Studie von Capgemini Consulting kommt bereits im Jahr 2013 zum Schluss, dass der „War for Talents" ein digitaler Krieg geworden ist.[12] Die Autoren der Studie erwarten, dass in den kommenden Jahren 90 % aller Berufe Fähigkeiten im Umgang mit Informations- und Kommunikationstechnologie erfordern und allein im Zusammenhang von Big Data ein weltweiter Bedarf von mehr als 4 Mio. neuen Arbeitsplätzen entsteht, von denen aber jedoch voraussichtlich nur ein Drittel besetzt werden kann. Die Unternehmen nähmen diese Lücke und ihre Bedeutung sehr wohl wahr, jedoch würden nach wie vor kaum Investitionen in

---

[12]Capgemini Consulting (2013) The digital talent gap: developing skills for today's digital organizations. https://www.capgemini.com/resource-file-access/resource/pdf/the_digital_talent_gap27-09_0.pdf. Zugegriffen: 30. Apr. 2016.

die Aus- und Weiterbildung digitaler Fähigkeiten getätigt. Verbesserungspotenzial wird vor allem aufseiten des Personalmanagements gesehen, das der Studie nach nur selten innovative Methoden bei der Personalbeschaffung einsetzt und das Thema Kompetenzentwicklung nur sehr passiv angeht.

Die Konsequenz aus dem geschilderten „Digital Skills Gap" sind für das digitale Unternehmen recht einfach auf den Punkt zu bringen. Die Mitarbeitergewinnung und -bindung wird zu einem zentralen Faktor des Unternehmenserfolgs. Und nicht nur das. Das Gewinnen und das Halten von guten Mitarbeitern sind aus unserer Sicht längst nicht mehr nur als spezifische funktionale Aufgaben anzusehen, die ausschließlich durch die Personalabteilung erfüllt werden können. Vielmehr ist an dieser Stelle das Gesamtunternehmen gefordert. Neben dem klassischen Personalmanagement betreffen die erforderlichen Aktivitäten auch die Bereiche Unternehmenskultur, Arbeitsplatzgestaltung und Führung sowie das Business Development, worauf wir im Folgenden näher eingehen.

Weiterentwicklung des Personalmanagements

Eine wesentliche Aufgabe, die auf das klassische Personalmanagement zukommt, besteht im Verstehen und Adressieren der mit der Digitalisierung verbundenen Herausforderungen in Bezug auf das Gewinnen und Halten des erforderlichen Personals. Hierzu gehört unter anderem, zu erkennen, welche Fähigkeiten und Erfahrungen im IT-Bereich wirklich benötigt werden. Grundsätzlich kann davon ausgegangen werden, dass sich die Anforderungen an den IT-Mitarbeiter verändern. Noch weit mehr, als es heute bereits der Fall ist, wird vor allem Schnittstellenkompetenz an Bedeutung gewinnen. Da wir davon ausgehen, dass die Grenzen zwischen Fachbereichen und IT-Abteilungen in den Unternehmen zunehmend verschwimmen (siehe Kap. 5), wird es einerseits wichtiger sein, dass die IT-Mitarbeiter nicht nur technische Fachsprachen, sondern auch die des Business beherrschen. Andererseits werden reine Techniker zukünftig weniger gefragt sein. Im Rahmen der Digitalisierung stehen vor allem die Identifikation, Konzeption und Gestaltung von innovativen, IT-basierten Lösungen mit unmittelbarem Geschäftsnutzen im Vordergrund. Die technische Implementierung dieser Lösungen kann anschließend in der Regel problemlos einem Dienstleister überlassen werden (siehe Kap. 4). Gleichzeitig wird unserer Erwartung nach die Rollenspezialisierung, die wir in den vergangenen Jahren bereits sehr stark beobachten konnten, auch zukünftig weiter zunehmen.

In diesem Zusammenhang gilt es für das Personalmanagement zu erkennen, dass die recht generischen Studienangebote der Universitäten in ihren Bachelor- und Masterprogrammen in der Regel nicht mehr ausreichen, um „fertig ausgebildete" Mitarbeiter für die spezifischen IT-Berufsbilder vom Absolventenmarkt beziehen zu können. Obwohl die Hochschullandschaft in den vergangenen Jahren bereits mit zahlreichen spezialisierten Studiengängen und Abschlüssen auf diese Entwicklung reagiert haben, so sind wir der Ansicht, dass eine solide Grundlagenausbildung an der Schnittstelle zwischen Business und IT an dieser Stelle nach wie vor sehr zielführend ist. Gleichzeitig muss es aber Aufgabe der Unternehmen sein, mittels „Training on the Job" und innerbetrieblicher Weiterbildungsmaßnehmen den „Digital Skills Gap" zu füllen. Um mögliche Ressourcen- und Kompetenzlücken zu füllen, kann an dieser Stelle eine enge Zusammenarbeit mit Wissens- und Ausbildungspartnern (zum Beispiel Universitäten und außeruniversitäre Forschungseinrichtungen) eine vielversprechende Lösung sein. Denkbar ist auch der Aufbau einer eigenen Funktion für die Entwicklung und Beschaffung von IT-Personal für den Fall, dass die unternehmensweiten HR-Funktionen in der gegenwärtigen Aufstellung den Bedarf nicht zu decken vermögen.

Unternehmenskultur, Arbeitsplatzgestaltung und Führung

Neben einem weiterentwickelten HR-Management gilt es für die erfolgreichen Unternehmen im digitalen Zeitalter, sich als attraktiver Arbeitgeber zu positionieren. Eine Aufgabe, die durch das Personalmanagement angestoßen und gesteuert werden kann, aber vom Gesamtunternehmen und auch von deren Führung gelebt werden muss, ist die Schaffung einer als attraktiv wahrgenommen Unternehmenskultur. Hierbei gilt es vor allem, auf das angesprochene, veränderte Wertesystem der nachwachsenden Arbeitnehmergenerationen zu reagieren. Wesentliche Stellhebel können an dieser Stelle die Schaffung eines attraktiven Arbeitsumfelds und modernen Arbeitsplatzkonzepten sowie ein zeitgemäßer und zielgruppengerechter Führungsstil sein.

Die Schaffung eines attraktiven Arbeitsumfelds kann sowohl über das Arbeitsmodell als auch den Arbeitsplatz unterstützt werden. Die Aufgabe von Unternehmenslenkern ist es zu erkennen, welche der skizzierten, personalbezogenen Herausforderungen auf das eigene Unternehmen zutreffen und inwiefern diese durch die Weiterentwicklung des Wissensarbeitsplatzes adressiert werden sollen. Die Entwicklung moderner Arbeitskonzepte geht dabei in Richtung ortsungebundene Arbeit, verteiltes Arbeiten jenseits von Zeitzonen, Wechsel von privaten und beruflichen Phasen sowie nicht reglementierten Arbeitszeiten.[13] Des Weiteren gilt es den Mitarbeitern spezifische Leistungen zu bieten, welche eine Work-Life-Balance bestmöglich unterstützen. Hier sind Angebote wie etwa eine Kinderbetreuung sowie Sport- und Fitnessangebote zu nennen. Auch bieten spezifische Aus- und Weiterbildungsprogramme nicht nur einen Nutzen für das Unternehmen, sondern sind oftmals auch für den einzelnen Mitarbeiter attraktiv, da dieser dadurch seinen beruflichen Horizont erweitern und seinen Marktwert erhöhen kann.

Eine besondere Rolle nimmt die Gestaltung des physischen Arbeitsplatzes und seine Ausstattung mit moderner Informationstechnologie ein. Hierbei geht es vor allem darum, eine attraktive Umgebung zu schaffen, in welcher der Arbeitnehmer gerne arbeitet und in der Innovationen entstehen können. Vor dem Hintergrund des zunehmend verteilten Arbeitens ist es von besonderer Bedeutung, dedizierte Räume zum Treffen von Menschen und für das kreative Arbeiten zu schaffen. Des Weiteren ist eine hohe Selbstbestimmung in den Arbeitsabläufen der Mitarbeiter von besonderer Bedeutung. Entsprechend gilt es, dem Mitarbeiter die freie Wahl von Methoden und entsprechender Software einzuräumen. Als Arbeitswerkzeuge sollten verschiedenste Geräte (eigene und Firmen-Hardware) je nach Arbeitskontext unterstützt werden. Hierbei ist zu beachten, dass die Toleranz gegenüber schlechter Bedienbarkeit vor allem bei Nutzern aus der Generation der „Digital Natives" immer geringer wird, was natürlich auch für die eigenen Mitarbeiter gilt (siehe Kap. 7). Die Weiterentwicklung des Wissensarbeitsplatzes hat vielfältige Implikationen für das IT-Management. Im Kern des erforderlichen Wandels steht eine veränderte Organisations- und IT-Architektur, in welche der „Wissensarbeitsplatz der Zukunft" einzubinden ist (siehe Fußnote 13).

Vor dem Hintergrund des gegenwärtigen Wandels im Zeitalter der Digitalisierung stellt sich die Frage, ob die etablierten Führungskonzepte aus dem „analogen" Business noch ihre Berechtigung haben und zeitgemäß sind. Wir sind der Meinung, dass gerade das veränderte Wertesystem der nachwachsenden Arbeitnehmergenerationen eine spezifische Führungskultur erfordert. Wie solche zukünftigen Führungskonzepte im Detail aussehen, wird aktuell sehr intensiv unter dem Stichwort „Leadership 4.0" diskutiert. Auch wenn es erwartungsgemäß keine vollständige Einigkeit hinsichtlich der Ausgestaltung moderner Führungskonzepte gibt, so besteht doch die weitgehend einhellige Meinung, dass stark hierarchische Systeme

---

[13]Urbach N, Ahlemann F (2016) Der Wissensarbeitsplatz der Zukunft: Trends Herausforderungen und Implikationen für das strategische IT-Management. HMD – Praxis der Wirtschaftsinformatik 53(1):16–28.

in der klassischen Form ausgedient haben. Viel erfolgreicher seien künftig Führungskräfte, die kommunikationsstark, einfühlsam und vertrauensvoll im Umgang mit ihren Mitarbeitern sind.[14] Eine vom Bundesministerium für Arbeit und Soziales in Auftrag gegebene Studie untersuchte die „Führungskultur im Wandel" und führte hierzu 400 Tiefeninterviews mit Führungskräften durch. Als Kernergebnis werden zehn Anforderungen vorgestellt, denen sich moderne Führungskräfte heute und in Zukunft stellen müssen. Hierzu gehören unter anderem das Zulassen von Flexibilität und Diversität, die Fähigkeit zur professionellen Gestaltung ergebnisoffener Prozesse, Kooperationsfähigkeit sowie Motivation durch Selbstbestimmung und Wertschätzung.[15] Auch hinsichtlich ihrer Führungskultur sind die Unternehmen also gefordert, ihre gegenwärtige Positionierung zu hinterfragen und auf Passung zur digitalen Welt hin zu überprüfen.

Eine Vorbildfunktion für andere Unternehmen könnte an dieser Stelle das Unternehmen Google (bzw. Alphabet) einnehmen. Das Internetunternehmen hat es geschafft, sich sowohl bei Studierenden technischer als betriebswirtschaftlicher Studiengänge weltweit als beliebtester Arbeitgeber zu positionieren.[16] Für Unternehmen kann es sich daher lohnen, etwas genauer anzuschauen, mit welchen Angeboten sich Google seinen potenziellen und vorhandenen Arbeitnehmern als attraktiver Arbeitgeber präsentiert. Natürlich profitiert das Unternahmen sehr stark von seinem Markenimage, und auch die Bezahlung der Mitarbeiter wird seinen Beitrag leisten. Google hat es aber auch geschafft, sehr angenehme Arbeitsbedingungen zu schaffen, die gleichzeitig nicht zulasten von Produktivität und Innovationsfähigkeit gehen. Hierzu zählen eine attraktive Arbeitsplatzgestaltung und -ausstattung, freie Mahlzeiten, Shuttlebusse, Wellnessbereiche und Fitnesstrainings. Den Mitarbeitern werden somit zahlreiche Angebote gemacht, die schlicht den Spaßfaktor beim Arbeiten erhöhen. Eine weitere Rolle spielen aber auch die verhältnismäßig flachen Hierarchien, eine hohe Selbstbestimmung bei der Arbeitsgestaltung sowie eingeräumte Freiraume für Innovationsarbeiten.

---

[14]Fendt U (2015) Führung im Zeitalter der Digitalisierung. Computerwoche, 23. Okt. http://www.computerwoche.de/a/fuehrung-im-zeitalter-der-digitalisierung,3217788. Zugegriffen: 30. Apr. 2016.

[15]Initiative Neue Qualität der Arbeit (2014) Führungskultur im Wandel, Sept. 2014. http://www.inqa.de/DE/Angebote/Publikationen/fuehrungskultur-im-wandel-monitor.html;jsessionid=13607F25509C3C463A479A18BF5C215E. Zugegriffen: 30. Apr. 2016.

[16]Dämon K (2015) Alle lieben Google – Die beliebtesten Arbeitgeber der Welt. WirtschaftsWoche, 24. Juni. http://www.wiwo.de/erfolg/campus-mba/alle-lieben-google-die-besten-arbeitgeber-der-welt/11930316.html. Zugegriffen: 30. Apr. 2016.

Beispielsweise konnten aus dem Arbeitszeitmodell, welches die Mitarbeiter einen Tag pro Woche vom regulären Arbeitsalltag freistellt, einige innovative Dienste hervorgehen. Google hat es durch die verschiedenen Maßnahmen geschafft, die Grenzen zwischen Freizeit und Arbeit verschwimmen zu lassen und gleichzeitig ein innovatives Arbeitsklima zu schaffen.

Business Development: Gewinnung von IT-Kompetenzen durch Standortwahl, Akquisitionen und Kooperationen

Viele Unternehmen erfahren gerade sehr leidvoll, dass sich die Gewinnung von IT-Kompetenzen nicht mehr allein durch klassische Personalbeschaffung und -entwicklung bewerkstelligen lässt. Um in diesem Bereich erfolgreich zu sein, ist eine weitergehende Perspektive gefordert, welche eine gezielte Standortwahl, Kompetenz erweiternde Akquisitionen sowie strategische Kooperationen umfasst.

Die Standortwahl des eigenen Unternehmens wird wichtiger. Die Bereitschaft, umzuziehen und das vertraute soziale Umfeld zu verlassen, sinkt bei vielen, insbesondere jungen, Erwerbstätigen. Entsprechend gilt der heutige Arbeitnehmer als weniger flexibel, als es vor wenigen Jahren noch der Fall war. Wenn junge Arbeitnehmer heute dennoch einen Umzug in Kauf nehmen, ist es für sie zunehmend entscheidungsrelevanter, dass der neue Lebensmittelpunkt auch außerhalb des Arbeitsumfelds attraktiv ist. Hier spielen vor allem Aspekte wie der Freizeitwert, die Verkehrsanbindung, das Kulturangebot, die allgemeine Lebensqualität und die Natur eine Rolle. Nicht zuletzt determiniert der Standort natürlich auch das Arbeitskräfteangebot. So gibt es Regionen, in denen es traditionell schwieriger ist, hoch qualifiziertes IT-Personal zu finden, als es in den großen Zentren und/oder im Umfeld von Universitäten der Fall ist.

Nicht immer sind ein modernes Personalmanagement und eine gelungene Standortwahl ausreichend, um den eigenen IT-Personalbedarf zu decken. Deswegen zieht eine steigende Zahl von Unternehmen in Erwägung, Kompetenzdefizite durch gezielten Aufkauf anderer Unternehmen (oftmals Softwarefirmen) auszugleichen. Die Vorteile solcher Akquisitionen liegen auf der Hand. Das aufkaufende Unternehmen bekommt in kürzester Zeit Zugang zu Know-how, neuen Produktinnovationen und schließlich zum entsprechend ausgebildeten Personal. Auf der anderen Seite gibt es bei einem solchen Vorgehen aber auch Nachteile und Risiken zu berücksichtigen. Hierzu gehören vor allem der meist hohe Preis, oft schwer vereinbare Unternehmenskulturen sowie die mit einer Akquisition verbundene Fluktuation von Mitarbeitern. Einen Mittelweg könnten daher strategische Kooperationen darstellen. Dabei wird versucht, Kompetenzdefizite durch die enge Zusammenarbeit mit Unternehmen auszugleichen, die über die benötigten Fähigkeiten verfügen. So können beispielsweise gemeinsam neue Produkte und Dienstleistungen entwickelt und vermarktet werden (siehe Kap. 6).

Starker Wettbewerb erfordert schnelles Handeln

Auch bei diesen personalbezogenen Herausforderungen stellt sich die Frage, in welcher Form die Unternehmenslenker reagieren sollten und wie die Transformation von der alten in die neue Welt zu gestalten ist. An diesem Punkt ist unsere Empfehlung, den notwendigen Wandel möglichst schnell und konsequent anzugehen. Wir gehen davon aus, dass zukünftiger Unternehmenserfolg mehr denn je von der beständigen Verfügbarkeit der klügsten Köpfe abhängt. Getreu dem Motto „Gleich und Gleich gesellt sich gern" werden es bereits erfolgreiche Unternehmen viel leichter haben, auch weiterhin die besten Arbeitnehmer an sich zu binden. Auf der anderen Seite werden Unternehmen, die es nicht schaffen, die für die Digitale Transformation erforderlichen Mitarbeiter an sich zu binden, nicht die notwendigen Innovationen hervorbringen, um zukünftig im immer dynamischer werdenden Wettbewerb zu bestehen. Einmal abgehängt, wird es äußerst schwierig werden, zurück auf die Erfolgsspur zu kommen.

Überblick: Demografie, Digital Natives und individuelles Unternehmertum

- Aufgrund des demografischen Wandels stehen dem Arbeitsmarkt immer weniger gut ausgebildete Arbeitnehmer zur Verfügung.
- Besonders der ungedeckte Bedarf an den sogenannten MINT-Fachkräften wird zu einer größeren Herausforderung für viele Unternehmen.
- Die Digitale Transformation erfordert spezifische Qualifikationen und Fähigkeiten des IT-Mitarbeiters, welche entsprechend rar auf dem derzeitigen Arbeitsmarkt sind.
- Zudem sind die nachrückenden Arbeitnehmergenerationen im Vergleich zu früheren Generationen durch ein verändertes Wertesystem und dem Wunsch nach individuellem Unternehmertum charakterisiert.
- Das Rekrutieren und Halten von gut ausgebildeten IT-Mitarbeitern ist bereits heute zu einer signifikanten Herausforderung für viele Unternehmen geworden.

- Als Reaktion auf den „Digital Skills Gap" sind Veränderungen im Personalmanagement, in Hinblick auf die Unternehmenskultur, bei der Arbeitsplatzgestaltung und der Führung sowie im Business Development erforderlich.
- Die Unternehmen sollten die Herausforderungen im Personalbereich zeitnah angehen, da die Ausstattung mit den richtigen Mitarbeitern zum strategischen Wettbewerbsfaktor geworden ist.

Literatur

Bundesministerium des Innern (2011) Demografiebericht – Bericht der Bundesregierung zur demografischen Lage und künftigen Entwicklung des Landes, Okt. 2011. http://www.bmi. bund.de/DE/Themen/Gesellschaft-Verfassung/Demografie/Demografiebericht/demografiebericht_node.html. Zugegriffen: 30. Apr. 2016
Capgemini Consulting (2013) The digital talent gap: developing skills for today's digital organizations. https://www.capgemini.com/resource-file-access/resource/pdf/the_digital_talent_gap27-09_0.pdf. Zugegriffen: 30. Apr. 2016
Chambers E, Foulon M, Handfield-Jones H, Hankin S, Michaels E (1998) The war for talent. The McKinsey Quarterly 1998(3):44–57
Dämon K (2015) Alle lieben Google – Die beliebtesten Arbeitgeber der Welt. WirtschaftsWoche, 24. Juni. http://www.wiwo.de/erfolg/campus-mba/alle-lieben-google-die-besten-arbeitgeber-der-welt/11930316.html. Zugegriffen: 30. Apr. 2016
Dörhöfer S (2012) Management und Organisation von Wissensarbeit: Strategie, Arbeitssystem und organisationale Praktiken in wissensbasierten Unternehmen. VS Verlag, Wiesbaden
Elmer C, Schäfer M (2015) Wie die Pyramide zum Weihnachtsbaum wird. 5. Apr. http://www.spiegel.de/wissenschaft/mensch/demografischer-wandel-pyramide-wird-zumweihnachtsbaum-a-1026684.html. Zugegriffen: 30. Apr. 2016
Fendt U (2015) Führung im Zeitalter der Digitalisierung. Computerwoche, 23. Okt. http://www.computerwoche.de/a/fuehrung-im-zeitalter-der-digitalisierung,3217788. Zugegriffen: 30. Apr. 2016
Initiative Neue Qualität der Arbeit (2014) Führungskultur im Wandel, Sept. 2014. http://www.inqa.de/DE/Angebote/Publikationen/fuehrungskultur-im-wandel-monitor.html;jsessionid=13607F25509C3C463A479A18BF5C215E. Zugegriffen: 30. Apr. 2016
Institut der deutschen Wirtschaft Köln (2015) MINT-Frühjahrsreport 2015, MINT – Regionale Stärken und Herausforderungen, Gutachten für BDA, BDI, MINT Zukunft schaffen und Gesamtmetall, 18. Mai 2015. http://www.arbeitgeber.de/www%5Carbeitgeber. nsf/res/MINT-Fruehjahrsreport_2015.pdf/$file/MINT-Fruehjahrsreport_2015.pdf. Zugegriffen: 30. Apr. 2016

IPCH (2008) Entmystifizierung der Produktivität. Vom Kernbegriff Produktivität zur Wissensproduktivität. White Paper des Schweizerischen Produktivitätsinstituts AG. https://static1.squarespace.com/static/5109428de4b04ea0ec18ef88/t/52456273e4b0dedb521b d7f7/1380278899625/Entmystifizierung+der+Produktivitt.pdf. Zugegriffen: 30. Apr. 2016

Kühn C, Eymann T, Urbach N, Schweizer A (2016) From professionals to entrepreneurs – HR practices as an enabler for fostering corporate entrepreneurship in professional service firms. German Journal of Human Resource Management, 30(2):125–154

Kurzmann S (2015) Individualität und Flexibilität im Personalmanagement: Die neue Herausforderung durch die Generation Y. Diplomica, Hamburg

Nawatzki J (2013) Mit Selbstcoaching zum Traumjob: Wie Sie in fünf Schritten Ihre wahre Berufung entdecken und umsetzen. Springer Fachmedien, Wiesbaden

Pütter C (2015) Mitarbeiter-Rollen: 8 notwendige IT-Skills für die Digitalisierung, Computerwoche, 9. Sept. 2015. http://www.computerwoche.de/a/8-notwendige-it-skills-fuer-die-digitalisierung,3090227. Zugegriffen: 30. Apr. 2016

Stepstone (2011) StepStone Employer Branding Report 2011. http://www.stepstone.de/Ueber-StepStone/upload/StepStone_Employer_Branding_Report_2011_final.pdf. Zugegriffen: 30. Apr. 2016

Urbach N, Ahlemann F (2016) Der Wissensarbeitsplatz der Zukunft: Trends Herausforderungen und Implikationen für das strategische IT-Management. HMD – Praxis der Wirtschaftsinformatik 53(1):16–28

Zusammenfassung und Fazit

In diesem Buch haben wir den aktuellen Trend der Digitalisierung analysiert und zehn Thesen zur Entwicklung des IT-Managements und der IT-Organisation in Unternehmen vorgestellt und erläutert. Die Digitalisierung ist als Trend unaufhaltbar und wird viele Unternehmen signifikant verändern. Es wird zu neuen Produkten, Dienstleistungen sowie Wertschöpfungs- und Geschäftsmodellen kommen, von denen wir heute möglicherweise noch keine Vorstellung haben. Vielleicht ist aber noch viel weniger vorstellbar, welche Auswirkungen intelligente Systeme haben werden, die mit Sensoren die Umgebung wahrnehmen, selbstständig lernen und darüber hinaus unvorstellbare Datenmengen in kürzester Zeit analysieren können. Wir dürfen uns solche Systeme nicht als einziges isoliertes Computersystem vorstellen. Das besondere Potenzial der Digitalisierung besteht darin, dass Computer weltweit vernetzt interagieren. Heutige IT-Organisationen sind von diesen Entwicklungen massiv betroffen. Es ist sehr fraglich, ob ihre derzeitigen organisatorischen Verankerungen, ihre Aufgabenportfolios, ihre Wertschöpfungstiefen, ihre Kulturen und ihre derzeitige Zusammenarbeit mit anderen Unternehmensbereichen geeignet sind, um mit der Digitalisierung Schritt zu halten und eine gestaltende Rolle einzunehmen. Wer von den Entwicklungen nicht überholt werden will, sollte wachsam sein und aktuelle Trends und technologische Innovationen genau beobachten. Das allein wird aber nicht genügen. Es gilt sich in Bezug auf Strukturen, Prozesse, Partnerschaften und auch die eigene Kultur so vorzubereiten, dass ein schnelles Agieren und Reagieren möglich wird, wenn sich geschäftliche Chancen aus der Digitalisierung ergeben beziehungsweise Technologien die notwendige Reife erlangt haben. Im Einzelnen können IT-Führungskräfte bereits heute eine Reihe von Maßnahmen ergreifen und sich positionieren. Hierzu gehören beispielsweise die Optimierung der IT-Architektur und ihre Vorbereitung in Hinblick auf eine Nutzung von Public-Cloud-Angeboten, die intensivierte Zusammenarbeit mit den Geschäftsbereichen oder auch die

© Springer-Verlag Berlin Heidelberg 2016
N. Urbach und F. Ahlemann, *IT-Management im Zeitalter der Digitalisierung*,
DOI 10.1007/978-3-662-52832-7

Etablierung eines Technology-Scouting. Erfolgreiche Digitalisierungsvorhaben können als Success Storys genutzt werden, um sich als kompetenter Partner zu positionieren.

Die Bedeutung unserer Thesen sollte nicht missverstanden werden. Sie können so wie beschrieben oder auch in anderer Form Realität werden. Ihre Funktion besteht darin, zu inspirieren, Diskussion zu entfachen und eigene Planungen abzugleichen. Die in den vorangegangenen Kapiteln beschriebenen Zukunftsszenarien sind bewusst nicht mit einem Datum versehen. Welches Unternehmen und welche Branche wann und wie von der Digitalisierung erfasst wird, kann nicht zweifelsfrei gesagt werden. So kann für einige Branchen diagnostiziert werden, dass erste Digitalisierungswellen bereits abgeschlossen sind, beispielsweise in den Bereichen Musik, Zeitungen und Einzelhandel. Andere Branchen durchlaufen derzeit eine große Digitalisierungswelle, etwa der Maschinenbau (Industrie 4.0). In anderen Sektoren sind zumindest kurz- bis mittelfristig keine großen disruptiven Veränderungen zu erwarten, zum Beispiel in Teilen der Chemiebranche. Die Digitalisierung wird auch nicht ein einmaliger Vorgang sein, wie manche Publikationen suggerieren möchten. Neue Technologien mit disruptiven Potenzial wird es immer wieder geben. Vielleicht sogar immer öfter. Oft sind es nur inkrementelle Weiterentwicklungen, die eine Technologie dazu befähigen, ihr Potenzial voll auszuspielen. So ist die Musikbranche gleich mehrfach revolutioniert worden. Nach der Verbreitung der MP3-Technologie verbunden mit entsprechenden Vertriebskanälen (zum Beispiel Apple iTunes) im letzten Jahrzehnt, erleben wir derzeit die nächste Revolution durch die Etablierung von Streaming-Diensten wie Spotify oder Deezer. Das Besondere ist, dass die Digitalisierung sehr schnell voranschreitet. Das kann in vielen Fällen mit Netzwerkeffekten begründet werden. So entwickeln sich neue Geschäftsmodelle über längere Zeit eher schleppend, bis es dann zu einer erheblichen Beschleunigung von Nutzerzahlen mit fast exponentiellem Wachstum kommt. Dann stabilisieren sich die Zahlen in der Regel auf einem hohen Niveau (zumindest bei marktführenden Unternehmen). Wir sind gewohnt, entsprechende Verbreitungsmodelle insbesondere für Konsumententechnologien anzunehmen. Wir werden aber wahrscheinlich erleben, dass solche Wellen auch für Unternehmenstechnologien realisiert werden können. So macht das Industrie-4.0-Konzept mit vernetzten Maschinen insbesondere im interorganisationalen Bereich nur dann Sinn, wenn möglichst viele Unternehmen entsprechende Technologien auf Basis offener Standards einsetzen. Deshalb möchten wir Führungskräfte ermutigen, sehr wachsam zu sein, um zu vermeiden, dass es ihren Unternehmen wie Kodak geht, dem einst weltweit marktführenden Unternehmen für Fotofilm-Technologie, das den Wandel zur Digitalfotografie verschlafen hat und heute nur noch ein Schattendasein fristet. Kodak wurde kalt erwischt; entgegen aller Prognosen ist das Geschäft für Digitalfotografie in so kurzer Zeit explodiert und gleichzeitig die Analogfotografie in so kurzer Zeit praktisch verschwunden, dass jegliche Versuche, noch Schritt zu halten, aussichtslos waren. Zu lang waren die Produktentwicklungszyklen im Vergleich zur dynamischen Marktentwicklung. Das Motto kann also nur sein: Heute beginnen um morgen erfolgreich zu sein. Es gilt zu vermeiden, dass man von etablierten Wettbewerbern aber auch kleinen Start-ups degradiert und seiner Wettbewerbsposition beraubt wird.